Barbara Feldbauer · Carmen Schmid

Der Freudenweg im Hundesport

Barbara Feldbauer
Carmen Schmid

Der Freudenweg im Hundesport

Glücklich und erfolgreich im Training und Turnier

Oertel+Spörer

Bildnachweis

Illustrationen: Carmen Schmid

Fotos von den Autorinnen.

Haftungsausschluss

Die Hinweise in diesem Buch wurden von den Autorinnen sorgfältig recherchiert und geprüft. Es können jedoch keinerlei Garantien übernommen werden. Eine Haftung der Autorinnen, des Verlags und seiner Beauftragten für Personen-, Sach- und Vermögensschäden ist ausgeschlossen. Sämtliche Teile des Werks sind urheberrechtlich geschützt. Jede Verwertung außerhalb der engen Grenzen des Urheberrechtsgesetzes ist ohne die schriftliche Zustimmung des Verlags und der Autorinnen unzulässig und strafbar. Dies gilt insbesondere für Vervielfältigungen, Übersetzungen, Mikroverfilmungen und die Einspeicherung und Verarbeitung in elektronischen Systemen.

Bibliografische Information der Deutschen Nationalbibliothek

Die Deutsche Nationalbibliothek verzeichnet diese Publikation in der Deutschen Nationalbibliografie; detaillierte bibliografische Daten sind im Internet über http://dnb.d-nb.de abrufbar.

© Oertel+Spörer Verlags-GmbH+Co.KG · 2017

Postfach 1642 · 72706 Reutlingen

Alle Rechte vorbehalten

Lektorat: Dr. Gabriele Lehari

DTP und Repro: raff digital gmbh, Riederich

Druck und Bindung: Oertel+Spörer Druck und Medien-GmbH+Co., Riederich

Printed in Germany

ISBN 978-3-88627-882-4

Inhalt

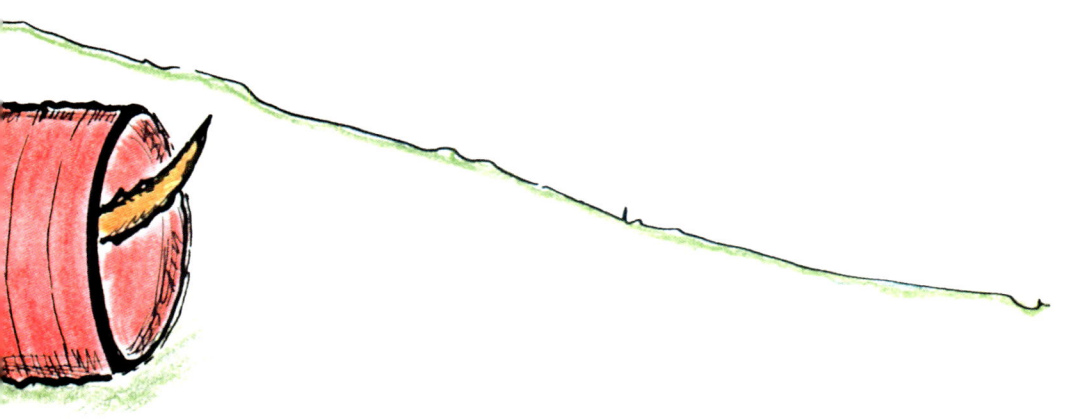

Vorwort von Kath Hardman

Hundetraining ist ein überaus komplexes Thema mit den unterschiedlichsten Möglichkeiten, das eigentliche Training auszuführen. Es gibt viele Bücher, die erklären, wie ein Hund zu trainieren ist und wie die Übungen, sei es im alltäglichen Leben wie auch in den verschiedenen Hundesportarten, ausgeführt werden sollten. Natürlich behaupten alle Bücher, ihr Weg sei der richtige und manchmal auch der einzige, um einen Hund auszubilder. Wie dem auch sei – für mich ist dieses Buch eine Neuheit. Es zeigt, wie man sein Training für sich und seinen vierbeinigen Partner erfolgreich gestalten kann.

Ich habe nun schon seit einigen Jahren das Vergnügen, Barbara und ihre Hunde zu trainieren. Mit Carmen habe ich auf einer überwiegend organisatorischen Basis zusammengearbeitet und sie auch als Teilnehmerin bei Turnieren erlebt. Beide stehen für dasselbe Ziel: anderen dabei zu helfen, ein glückliches Training und glückliche Hunde zu haben.

Ich weiß außerdem, dass beide Perfektionisten in ihrem Alltagsleben sind und immer versuchen, alles auf die bestmögliche Art zu tun – und dieses Buch ist ein Zeugnis ihrer Arbeitsmoral. Für Menschen, die es mögen, ihre Aufgaben immer ganz korrekt zu erfüllen, ist es besonders schwierig, über eine kleine Hürde zu stolpern. Setzen wir aber einen Hund in die Gleichung, schafft dies einen Aspekt der Unvorhersehbarkeit, der zu Unvollkommenheit führt. Barbara und Carmen haben in ihrem Buch verschiedene Wege zur Vermeidung von Enttäuschung aufgezeigt.

Das Buch ist durchgängig sehr positiv und extrem gut durchdacht. Es gibt allen Lesern die Möglichkeit, sich selbst und ihre sehr wichtige Rolle beim Training ihrer Hunde zu reflektieren. Ich liebe die geradlinige und am normalen Menschenverstand orientierte Art, in der es geschrieben ist. Das Buch erläutert die Partnerschaft zwischen Hund und Mensch und wie man eine gute Beziehung zwischen beiden entwickelt. Hierdurch erhalten Sie ein besseres Verständnis dafür, um einzuschätzen, mit wie viel Training Sie beide, in einer Einheit und über einen längeren Zeitraum hinweg, Ihr Ziel erreichen.

Da die Trainingszeit nicht erst mit der Einheit beginnt und endet, leitet Sie das Buch an, das Training richtig zu strukturieren. Hier werden alle Aspekte abgedeckt: die Vorbereitung des Trainings, die Planung Ihrer Einheiten und die Erhöhung Ihrer Ansprüche und Ziele in einem für Sie realistischen Zeitrahmen. Dem Hund zu helfen, und zwar vor, während und nach dem Training, hilft Ihnen selbst. Viel Erkenntnis ist in dieses tolle Buch eingeflossen, um sicherzustellen, dass wir alle begreifen: Wenn der Hund nicht lernt oder einen Fehler macht, müssen wir einen Schritt zurück machen, um einen erneuten Blick auf das zu werfen, was wir tun, und den Grund dafür zu suchen, warum etwas „nicht ganz richtig" läuft! Seien Sie versichert, es wird höchstwahrscheinlich ein Fehler auf Seiten des Menschen sein und nicht einer, der vom Hund gemacht wurde!

Sie sollten dieses Buch sorgfältig lesen, bevor Sie mit dem Training beginnen, und ich würde empfehlen, es immer wieder zu lesen, um die dortigen Gedanken in Ihrem Gedächtnis aufzufrischen, damit Ihr Training sicher und die Art in Fleisch und Blut über geht. Verstehen Sie die Persönlichkeit Ihres Hundes wirklich, dann wird Ihr Trainingserfolg umso vieles leichter. Ich wünsche Ihnen viel Spaß mit Ihrem Hund und diesem Buch.

Kath Hardman, England
FCI Individual World Champion Heelwork to Music,
Crufts British Freestyle Winner,
Crufts International Freestyle Winner

Vorwort von Karen Sykes

Für welche Hundesportart Sie sich auch entscheiden, es gibt eine Menge Bücher, die Ihnen die Grundlagen erklären. Dieses Buch ist anders und ich applaudiere den Autorinnen dafür, dass sie Augenmerk auf die Wichtigkeit der Freude in der Partnerschaft zwischen Mensch und Hund gelegt haben.

Das Lernen bei einem Trainer, dem es an Einfühlungsvermögen fehlt, kann verwirrend und frustrierend sein. Es ist unabhängig davon, wie groß sein Fachwissen ist und wie willig der Schüler ist zu lernen. Wenn das Unterrichten in einer unangenehmen Art und Weise erfolgt, dann können die Lektionen auch für den fleißigsten Schüler entmutigend werden.

Der Trainer, der sich bemüht, den Lernstoff in ausführbare Einheiten zu unterteilen, und der das Thema lustig und interessant erklärt, wird mit viel höherer Wahrscheinlichkeit auf einen begeisterten Schüler treffen, der regelmäßig Erfolg hat und sein Potenzial ausschöpft. Auch der Trainer spürt das glückliche Gefühl des Erfolgs, wenn es von seinem dankbaren Schüler reflektiert wird. Dieses Gefühl ist es, was wir alle als Hundetrainer suchen. Dort, wo die Partnerschaft beidseitig freudvoll erlebt wird, sind die Ergebnisse großartig.

Wenn man die Autorinnen beobachtet, sieht man, dass ihr Verhältnis zu ihren Hunden von Vertrauen, Spaß und Freude geprägt ist. Sie haben die Bedürfnisse ihrer Hunde im alltäglichen Leben, im Training und im Turnier begriffen; das Ergebnis ist eine wundervolle Partnerschaft voll gegenseitiger Liebe und Respekt. In diesem Buch teilen sie mit uns den Prozess zum Aufbau einer Beziehung mit Ihrem Hund, die von Freude bestimmt wird und die wundervolle Arbeitsbeziehung schafft, nach der Sie streben.

Ich erinnere mich an meine Zeit bei einem Unternehmen, als bei einer Feier ein Mitarbeiter geehrt wurde, der dort seit 25 Jahren beschäftigt war. Meine Freundin wendete sich zu mir und sagte mit leiser Stimme: „Er hat nicht 25 Jahre gearbeitet – er hat das erste Jahr 25-mal wiederholt!" Wenn ich auf meine Zeit als Hundetrainerin zurückblicke, kann ich mit Vergnügen sagen, dass sich meine Methoden mit jeder Erkenntnis geändert haben; jedes Jahr ist eine Weiterentwicklung und eine Möglichkeit, besser für meine Hunde zu werden. Mein Erfolg begründet sich nicht einfach darauf, meinen Hunden Instruktionen klar vermitteln zu können, sondern auf das Nachdenken über unsere Beziehung und auf das Sicherstellen des Vergnügens während unserer gemeinsamen Zeit im Training und Turnier für uns beide. Wenn etwas nicht funktioniert, ist es mein Fehler und es ist in meiner Verantwortung, dafür eine Lösung zu finden.

Die zentralen Werte dieses Buches stehen in völliger Harmonie mit meiner eigenen Philosophie der stetigen Erziehung und Förderung und der Freude daran, das bestmögliche Verhältnis mit unseren Hunden aufzubauen. Meine Jahre als internationale Turnierteilnehmerin, Richterin und Trainerin haben mir die Möglichkeit geschenkt, viele Mensch-Hund-Beziehungen auf allen Ebenen zu studieren. Die Partnerschaften, die aus allen anderen herausragten, waren diejenigen, wo Freude, Vertrauen und Liebe zwischen Mensch und Hund empfunden wurden und erkennbar waren. Dieses Buch ist eine Möglichkeit für den Leser, diese wirklich besondere Bindung zu erreichen.

Meine Glückwünsche an Barbara und Carmen zu einem Buch, das voller Informationen ist, um uns zu unterstützen und realistische Ziele zu setzen. Es hilft uns, den besten Weg zu planen, damit unsere Hunde verstehen, was wir von ihnen erwarten, und als Ergebnis bringen wir Freude und Erfolg in die Beziehung mit unseren Hunden. Freude, Freundschaft und Erfolg sind erreichbar mit ihrem Hund.
Viel Spaß!

Karen Sykes
British and Open European HTM Champion
Derby, England

Einführung

Einige von uns gehen ihn schon, den Freudenweg. Ihre Harmonie, ihre Ausstrahlung, ihr Selbstbewusstsein, ihre Freude an der gemeinsamen Arbeit zu sehen ist ein reines Vergnügen. Viele von uns möchten ihn unbedingt gehen, den Freudenweg. Sie besuchen Seminare, tauschen sich mit ihren Trainern und Trainingskollegen aus, beschäftigen sich intensiv und kritisch mit verschiedenen Trainingsmethoden und tun alles dafür, es zu schaffen, und doch missglückt es immer wieder an den verschiedensten Stellen. Sie finden ihn einfach nicht, den Freudenweg.

- Sie möchten Erfolg im Hundesport haben und dabei eine glückliche Zeit gemeinsam mit Ihrem Hund verbringen?
- Sie möchten entspannt und mit Spaß mit Ihrem Hund trainieren und merken, wie der Zusammenhalt mit ihm täglich wächst?
- Sie möchten sehen, wie Ihr Hund stetig mehr Freude an seinen Aufgaben entwickelt und dabei immer besser wird?
- Sie möchten Ihre Ziele realistisch entwickeln und sie dann auch erreichen?
- Sie möchten sich nicht fragen müssen, ob Ihr Training Ihren Hund überfordert oder ihm einfach nicht guttut?

Wir haben diesen Weg hier beschrieben. Von Anfang an bis hoch hinauf zur Spitze! Verständlich, logisch und gut strukturiert erklären wir jedes einzelne Teilstück. Es war eine unglaublich spannende Aufgabe und hat uns großen Spaß gemacht. Der Freudenweg ist einfach zu gehen, wenn man weiß, was zu beachten ist, und wenn wir unsere Leitziele kennen, um nicht von diesem Weg abzukommen.

Unser Buch richtet sich sowohl an aktive Hundesportler als auch an diejenigen unter uns, die gerade die ersten Schritte in eine Sparte des Hundesports gesetzt haben. Egal, an welchem Punkt Ihrer sportlichen Karriere Sie und Ihr Hund sind, dieses Buch wird eine Bereicherung für Sie sein und eine Bereicherung für die Ausbildung Ihres Hundes.

Alltag versus Training

Damit wir uns im weiteren Verlauf dieses Buches nicht missverstehen, grenzen wir die beiden Begriffe Alltag und Training voneinander ab, so wie wir sie hier definieren.

Fangen wir beim Training an. Das Training beginnt mit dem Betreten unseres Trainingsortes und endet erst, wenn wir ihn wieder verlassen. Dieser eng definierte Bereich ist das Thema dieses Buches! Alles andere fällt in den somit sehr großen Komplex des Alltags. Diese Abgrenzung ist sehr wichtig, da beide Bereiche einen unterschiedlichen Trainingsanspruch aufweisen.

Widmen wir uns an dieser Stelle kurz dem Alltag und den Erwartungen an unsere Hunde, bevor wir ihn auch schon wieder verlassen.
Viele unserer Erwartungen und Anforderungen stehen der Natur unseres Hundes konträr gegenüber. Die Anpassung an unseren Lebensstil birgt für ihn Einschränkungen, Langeweile und manchmal Frustration. Das können wir nicht ändern, aber durch gezieltes und sorgfältiges Training können wir Konfliktsituationen reduzieren und für uns und ihn das Leben einfacher machen. Wenn unser Hund weiß, welches Verhalten in einer bestimmten Situation angemessen ist, fällt es ihm leichter, den Versuchungen dieser Situation zu widerstehen.

Um hierfür einen einfachen Begriff zu verwenden, nennen wir das erwünschte Verhalten unseres Hundes Alltagsgehorsam. Ist er beständig vorhanden, ist die Grundlage für unser harmonisches Zusammenleben gegeben. Da Alltag und Ansprüche eines jeden Hundehalters individuell verschieden sind, lässt sich der Alltagsgehorsams nicht allgemeingültig formulieren.

 Minimonster Pia liebt es, auf dem Küchentisch zu liegen. Das ist aber verboten. Manchmal erwischt Barbara sie trotzdem dabei und ein strenger Blick reicht aus, um Pia traurig den verbotenen Platz wieder verlassen zu sehen.
Hat Barbara ein schlechtes Gefühl dabei? Nein, ganz und gar nicht. Es gibt im Haus verschiedene Spielregeln, welche von den Hunden befolgt werden müssen, auch wenn sie dabei mal traurig schauen. Wir möchten im Alltag möglichst entspannt mit unseren Hunden umgehen können und dafür müssen sie sich zumindest meistens an unsere Regeln halten.

An dieser Stelle hatten wir ursprünglich als Beispiel eine Liste von Dingen aufgeführt, die wir von unseren eigenen Hunden im Alltag erwarten. Wir haben sie gestrichen! Denn eigentlich interessiert es doch gar nicht, was wir von unseren Hunden in unserem Alltag erwarten. Hier geht es um Sie und Ihren Hund. Es ist egal, ob Ihr Hund am Tisch betteln darf oder beim Essen weit weg vom Tisch liegen soll, den Fernsehsessel mit Ihnen teilt oder Sie es lieben, nachts mit ihm in Ihrem Bett zu schlafen. Es ist Ihr Hund und Ihr Alltag und hier zählen nur Ihre Bedürfnisse. Wichtig ist aber, dass all diese Dinge für den Hund ganz klar definiert sind!

Führen wir uns kurz noch einmal die Definition von Alltag und Training vor Augen. Die Zeit, die nicht dem aktiven Training gewidmet ist, unterliegt den individuell verschiedenen Anforderungen eines jeden von uns an das Verhalten seines Hundes. Das bedeutet, dass unser Hund, der sportlich gearbeitet wird, zusätzliche Bereiche in seinem Alltagsgehorsam gelernt haben muss, verglichen mit dem Hund der allein stehenden Rentnerin in unserer Nachbarschaft, der von ihr liebevoll umsorgt ihren Lebensabend bereichert.

Auch diese speziellen Anforderungen an unsere Hunde während der ans aktive Training angrenzenden Zeit und am Turniertag werden wir im Verlaufe dieses Buches besprechen. Und jetzt fangen wir dann einfach mal an und gehen los.

Viel Vergnügen auf dem Freudenweg!

Die Freudenweg-Leitziele

Kampf, Verzicht, Frust oder sogar Qual hat im Hundesport nichts zu suchen – weder bei uns selbst noch bei unserem Hund.
Sie suchen einen Weg, freudvoll, fair und erfolgreich mit Ihrem Hund zu arbeiten?
Dann sind unsere Leitziele eine wunderbare Unterstützung für Sie!
Sie können Ihre Trainingsleistung sehr einfach anhand unserer Freudenweg-Leitziele beurteilen.
Sie sind unser einziges Kriterium.

Die Freudenweg-Leitziele sind völlig klar in ihrer Definition und lassen keinen Raum für Fehlinterpretationen und Missverständnisse. Sie können die Freudenweg-Leitziele bei jedem Ausbildungsstand sofort im Training einsetzen. Sie merken, an welcher Stelle beim Training Kreativität gefordert ist, und genau da wird Ihnen auch etwas einfallen.
Sie lernen, achtsamer mit sich selbst umzugehen, Ihre Möglichkeiten besser einzuschätzen und flexibel Ihr Training auf sich und Ihre Stimmung anzupassen. So werden Sie eine wirklich glückliche Zeit mit Ihrem Hund verbringen.

Wenn Sie im Training den Freudenweg-Leitzielen folgen, merken Sie augenblicklich, wenn etwas falsch läuft. Sie können sofort reagieren und vermeiden so Frustration, Irritation und Trainingsrückschritte. Sie werden sich nie wieder fragen müssen, ob Sie Ihren Hund mit der letzten Einheit überfordert haben. Allein die Aufmerksamkeit des Will-to-please-Hundes und die erwartungsvolle Spannung des unermüdlich aktiven Hundes sind kein Beweis dafür, dass Ihr Training richtig läuft (dazu später mehr).

 Der Freudenweg ist ein Weg für alle Hundetypen.

Wir stellen sicher, dass unser Training unserem Hund guttut! Unser Mensch-Hund-Team wird mit jedem einzelnen Training besser, egal, wie kurz oder spielerisch die Einheit ist. Wir haben sie nämlich bedacht ausgeführt. Es gibt keine Rückschritte mehr, an deren Korrektur wir wieder wochenlang arbeiten müssen und uns dabei über unsere eigenen Fehler ärgern und versuchen, unseren Frust niederzukämpfen.

Training mit den Freudenweg-Leitzielen wird viel einfacher, schöner, fröhlicher, entspannter und erfolgreicher für uns und unseren Hund. Wir müssen nur Folgendes tun: die Freudenweg-Leitziele zu jedem Zeitpunkt im Training bei uns und unserem Hund beachten!

In diesem Kapitel beschäftigen wir uns mit den Grundlagen und logischen Schlussfolgerungen der Freudenweg-Leitziele. Sie sind eine unverzichtbare Unterstützung für **jede Hundesportart** und **jede Trainingsmethode!** Unser Training, nur nach diesen drei Leitzielen aufgebaut, ist so wertvoll und erfolgreich für uns und unseren Hund und der einzig richtige Weg!

Wir möchten, dass Sie sich auf die weiteren Kapitel unseres Buches freuen, weil wir Sie neugierig gemacht haben. Neugierig, ob das wirklich alles so einfach ist, wie wir es beschreiben.
Jeder der in diesem Kapitel angesprochenen Teilbereiche wird im weiteren Verlauf unseres Buches detailliert unter die Lupe genommen.
Also, in die Tiefe gehen wir später. Jetzt fangen wir mal mit den Grundlagen an.

Der Freudenweg-Turm

Die Freudenweg-Leitziele bauen aufeinander auf.
Stellen Sie sich hierfür einen Turm vor.

Das Fundament unseres Freudenweg-Turms ist die **Kommunikation**. Ohne sie können wir weder unser Leitziel Erfolg noch unser oberstes Leitziel Freude erreichen. Der schlanke Mittelteil unseres Turms ist der **Erfolg** und wenn auch er gegeben ist, können wir die letzten Stufen zu unserer Turmspitze gehen. Dort genießen wir den ungetrübten Blick in alle Richtungen. Wir haben unser oberstes Leitziel **Freude** erreicht!

Fangen wir also bei der Erklärung mit dem Fundament unseres Turms, dem Freudenweg-Leitziel Kommunikation, an.

Freudenweg-Leitziel Kommunikation

Die Kommunikation von Mensch und Partner
Hund muss durchgängig gegeben sein.
Das hört sich einfach an und ist es auch!
Was bezeichnen wir als Kommunikation
zwischen Mensch und Hund im Training?
Es ist die Verbindung zueinander,
die ungeteilte Konzentration aufeinander.
Unser Training beginnt – wie schon zuvor
beschrieben – mit dem Betreten unseres
Trainingsortes und endet erst, wenn wir ihn
wieder verlassen. Auch während des Spiels
und der Futtergabe und beim Betreten
und Verlassen des Trainingsplatzes darf die
Kommunikation nicht abreißen. Hat unser
Hund gelernt, dass es im gemeinsamen
Training nur uns zwei gibt und nichts anderes
zählt, können wir auch anfangen, Aufgaben
unter Ablenkung aufzubauen.
Damit diese Verbindung nicht abreißen kann,
ist es notwendig, dass unser Hund eine „Pause"- und eine „Warte"-Aufforderung gelernt und den
Unterschied zwischen beiden verstanden hat. Ohne diese Grundlage können wir während unseres
Trainings keine Rücksprache halten, kein Futter oder Spielzeug wechseln, keine kurze Notiz
vermerken oder was sonst noch zu einer Unterbrechung der Verbindung zwischen uns
und unserem Hund führen würde.

Pause

„Pause" bedeutet für unseren Hund, dass er sich entspannen kann. In der nächsten Zeit wird
für ihn nichts von Interesse passieren. Wir benutzen diese Aufforderung, wenn wir unseren
Hund vor und nach dem Training in seinem Pausenbereich bringen und für die Pausen zwischen
den Übungssequenzen. Wir benutzen es niemals im Training selbst! „Pause" gehört somit zum
notwendigen Alltagsgehorsam eines Hundes, der sportlich geführt wird. Das ist ein wichtiges
Unterscheidungskriterium der beiden Begriffe „Pause" und „Warte".
Das „Pause" muss unserem Hund keinen Spaß machen. Er darf auch mit genervtem Gesicht auf
seiner Decke liegen und uns vorwurfsvolle Blicke zuwerfen, weil er lieber üben würde. Aber er
muss gelernt haben, ruhig und ordentlich zu warten. Er darf weder rumkläffen noch an der Leine
zerren, falls er angebunden ist. Liegt er in seiner Box, darf er nicht versuchen, seine Pausenzeit

damit auszufüllen, den Eingang in Einzelteile zu zerlegen. Er darf auch keine Trainingskollegen anpöbeln, selbst wenn das für ihn ein lustiger Zeitvertreib wäre.

Der Pausenbereich des Hundes gehört nicht in die Mitte des Trainingsgeländes. Es muss für unseren Hund hier eine klare Platzänderung gegeben sein. Meistens ist eine räumliche Trennung des Trainings- und Pausenbereichs der Hunde nicht möglich. Helfen wir ihnen also, indem wir ihren Pausenplatz zum Beispiel am Rand einer Trainingshalle mit ihrer Box einrichten oder die immer gleiche Decke verwenden. Wir stellen eine Schüssel Wasser neben den Platz und vergessen nicht, wenn nötig, bei kalten Temperaturen für einen Kälteschutz zu sorgen.

Warte

„Warte" bedeutet für unseren Hund, es gibt eine kurze Unterbrechung im Training, aber es geht gleich weiter. „Warte" ist eine Trainingsübung! Es darf unseren Hund nicht bekümmern, dass es eine kurze Unterbrechung gibt. Unser Hund soll sich nicht entspannen. Er soll seinen Energielevel halten und freudig auf seine nächste Aufgabe warten. Er muss gelernt haben, dass „Warte" niemals negativ ist, sondern nur die Einleitung zum nächsten großen Spaß. Dabei muss er verstanden haben, dass wir uns zwar von ihm abwenden, er aber trotzdem nicht den Boden nach herumliegenden Futterstücken absuchen darf oder mal eben einem Trainingskollegen „Hallo" sagen kann. Unser Hund muss sich nur gespannt auf seinen nächsten Einsatz freuen, ohne etwas anderes zu tun. Am einfachsten finden wir hierfür die Verwendung der Platzposition.

Was machen wir, wenn unser Hund weder „Pause" noch „Warte" kennt? Wie können wir mit dem Training beginnen? Wie halten wir trotzdem unsere Kommunikation durchgängig aufrecht?

Barbara bekam ihre Vici, als diese ein Jahr alt war. Vici konnte nichts und somit natürlich auch weder „Pause" noch „Warte". Da „Pause" zum Alltagsgehorsam gehört – es findet ja außerhalb des eigentlichen Trainings statt –, können wir nicht mit dem Training beginnen, solange unser Hund nicht gelernt hat, ruhig an unserem Trainingsort zu warten. Bei vielen Hunden gibt es hier keine Probleme. So auch bei Vici. Sie bekam ihre Decke, wurde an ihrem Pausenplatz angebunden und blieb brav, bis sie an der Reihe war, üben zu dürfen. Allein durch die immer gleiche Vorgehensweise hat sie sehr schnell begriffen, wenn Barbara „Pause" sagt, passiert erst mal nichts Spannendes. Vici fand das zwar nicht schön, viel lieber wäre sie herumgelaufen, aber sie hat es akzeptiert. Bald hat sie sich auch hingelegt und sogar entspannt geschlummert.

Vicis Freundin Agnes hingegen hatte große Probleme, sich in ein ordentliches Pausenverhalten einzufinden. Agnes ist mit einem Jahr wegen ihrer lauten und andauernden Bellattacken wieder zu ihrer Mama Elissa und zu Barbara nach Hause gekommen. Zu ihrem ersten Hundeplatzbesuch nahm Barbara eine Box mit und Agnes verbrachte die komplette Zeit bellend in ihrer Box in einer entfernten Ecke. Bestimmt war sie sehr frustriert. Beim nächsten Hundeplatzbesuch war sie nach 20 Minuten ruhig. Die nächsten Wochen konnte ihre Box schon neben dem Trainingsplatz stehen und inzwischen liegt sie neben ihren Freundinnen auf ihrer Decke und wartet ruhig, bis sie an der Reihe ist. Barbara konnte ihr die anstrengende Erfahrung zu Beginn nicht ersparen. Es ist ihr wichtig, ihre Hunde überall hin mitnehmen zu können und entspannt an ihrem Pausenplatz offen abzulegen. Agnes musste es also lernen, bevor sie mit dem Training beginnen konnte.

Die ersten Trainingseinheiten mit einem ungeübten Hund haben das ausschließliche Ziel der durchgängigen Kommunikation. Sonst nichts! Vici wartete brav, also durfte sie anfangen zu üben.

Ohne eine vorhandene Kommunikation zwischen uns und unserem Hund ist keinerlei Lernerfolg möglich!

Wir wollen weder Energie noch Nerven verschwenden, unseren Hund vom Schnüffeln abzuhalten, ihm das Spielzeug seiner Trainingskollegen abzuringen oder in wilden, ungeplanten und deshalb sehr unwillkommenen Fang-mich-doch-Spielen hinter unserem Hund über den Platz zu stürmen. Wir bringen es unserem Hund lieber von Anfang an richtig bei! Holen wir unseren Hund zum gemeinsamen Training, gibt es nichts anderes außer uns zweien.
Da wir keine Möglichkeit haben, unseren Hund während der Übung kurz ins „Warte" zu legen, weil er es ja noch nicht kann, bereiten wir die Einheit so vor, dass wir sie nicht unterbrechen müssen. Was wir an Futter und Spielzeug benötigen, verteilen wir in unseren Taschen. Wir holen unseren Hund immer auf die gleiche Art von seinem Pausenplatz und nehmen dabei sofort konzentriert unsere Kommunikation zu ihm auf. Nichts darf uns dann ablenken!
Vici hatte sehr schnell verstanden, dass sie an der Reihe war, wenn Barbara mit einem fröhlichen „Viiiici, du bist dran" und ihrem Lieblingsspielzeug zur Decke kam. Damit sie gar nicht erst auf die Idee kommen konnte, mal kurz über den Platz zu stürmen, blieb Vici anfangs an der Leine, bis Barbara sicher war, das Vici das gemeinsame Tun spannender fand als ihr Umfeld. Natürlich mussten genau deshalb auch ab dem Moment des Abholens nur tolle Dinge passieren. Spiel, Futter, wildes Herumgehampel, egal was, Hauptsache lustig. Das Zurückbringen zum Pausenbereich nach dieser kurzen Spaßeinheit war für Vici immer eine Enttäuschung.
Wie gern hätte sie noch weitergemacht!

Körperspannung

Lassen Sie uns an dieser Stelle kurz über unsere Körperspannung sprechen.
Sie ist ein ganz wichtiges Zeichen für unseren Hund dafür, dass es jetzt spannend, aufregend und lustig wird!
Stellen Sie sich bitte vor, Sie gehen auf einen Punkt zu, an dem Sie eine sehr große Freude erwartet. Sie treffen einen Ihnen sehr lieben Menschen, den Sie lange nicht gesehen haben, oder gehen zu einem Event, auf den Sie sich schon seit Wochen gefreut haben. Und jetzt ist es so weit.
Stellen Sie sich vor, Sie gehen so langsam wie eine Braut, die von ihrem Vater zum Altar geleitet wird, aber Sie haben Ihr Ziel fest im Blick und können es kaum erwarten dort anzukommen.
Und jetzt stellen Sie sich bitte Ihre Körperspannung auf diesem Weg vor. Genau durch diese, von außen nicht sichtbare Anspannung Ihrer Muskeln drückt Ihr ganzer Körper Ihre erwartungsvolle Freude aus. Selbst wenn niemand sonst Sie sehen kann, Ihr Hund spürt diese Veränderung!
Und genau diese Körperspannung haben wir von dem Moment an, in dem wir unseren Hund von seinem Pausenplatz zum Training abholen, bis zu dem Zeitpunkt, an dem wir ihn dort wieder in seine Pause bringen. Es ist für ihn ein untrüglicher Hinweis auf die tolle Zeit, die er jetzt haben wird. Und was ist ansteckender als Freude?
Stellen Sie sich jetzt nur noch ganz schnell das Gegenteil vor. Sie gehen lustlos und eher gelangweilt, ohne ein Ziel, nichts Besonderes erwartet Sie. Wie ist wohl Ihre Körperspannung in diesen Momenten?

Wenn wir also sicher unseren Hund holen können und er die Zeit mit uns begeistert auf unserem Trainingsplatz verbringt, ist der Zeitpunkt für den nächsten Schritt gekommen. Wir verstecken die ersten Übungen in diesem tollen Spaß. Keinesfalls darf die Kommunikation dabei verloren gehen. Auch nicht kurz! Spiel, Spaß und Übungen sind so aufzubauen, dass das nicht passieren kann. Wir bemessen die Zeitdauer unserer Einheiten immer so, dass es für unseren Hund traurig ist, wenn er aufhören muss. Jetzt sollten wir mit den ersten „Warte"-Übungen beginnen. Nehmen wir das Platz als Warteposition, fangen wir als ersten Schritt zum „Warte" damit an, unserem Hund das Platz beizubringen.

Nach und nach steigern wir diese Übung mit einem „Bleib", bis unser Hund gelernt hat, die Platzposition auch durchzuhalten, wenn wir uns kurz von ihm abwenden. Mit welchem Signal Sie Ihren Hund in den „Wartemodus" bringen, ist gleichgültig, denn Sie kennen ihre Trainingssituation am besten. Wichtig ist einzig und allein, dass ihm klar ist, es geht gleich weiter.

Wir haben keine Eile, unserem Hund das „Warte" beizubringen. Bei manchen geht es schneller, bei manchen dauert es länger. Wir müssen nur beachten, dass, solange unser Hund diese Aufforderung noch nicht ausführen kann, unsere Trainingseinheit zusammenhängend sein muss. Ergibt sich die zwingende Notwendigkeit, eine Übungseinheit zu unterbrechen, obwohl unser Hund das „Warte" noch nicht gelernt hat, zeigen wir ihm, dass keinerlei andere Aktivitäten möglich sind, auch wenn wir kurz nicht mit ihm kommunizieren können. Wir leinen ihn schnell an oder nehmen ihn in den Arm und verhindern somit, dass unser Hund sich selbstständig mit anderen Dingen beschäftigen kann.

Hat unser Hund das „Warte" gelernt, ist es für uns natürlich deutlich komfortabler. Wir können den Hund kurz ablegen, während der Trainer etwas erklärt oder wir unser Training umstellen und doch lieber das Zerrteil statt den Ball benötigen. Werden wir während des Trainings angesprochen, lassen wir unseren Hund nicht stehen und antworten. Wir bestätigen eine kurze Abschlussaktion und legen unseren Hund ins „Warte", bevor wir uns etwas anderem zuwenden.

 Kommunikation bedeutet aber nicht nur die ungeteilte, durchgängige Aufmerksamkeit füreinander. Kommunikation bedeutet auch zu verstehen, wie etwas bei unserem Hund ankommt!

Wir planen bedacht unsere Trainingseinheiten, so wie wir glauben, dass sie für unseren Hund spannend sind. Diese Planung betrifft unter anderem die Zeitspanne der Einheit, die Übungen, an denen wir arbeiten wollen, und die Bestätigung für unseren Hund.

Gar nicht so selten laufen die Dinge aber anders ab als geplant. Eine Übung erweist sich schwieriger als gedacht, der Trainer hat ganz andere Vorstellungen von der Vorgehensweise, ein neuer vierbeiniger Trainingskollege bellt durchgängig und irritiert unseren Hund sehr. Ist die Kommunikation zwischen uns und unserem Hund stabil und einfühlsam, merken wir sofort, wenn unser Hund etwas anderes braucht als das Geplante.

Beachten Sie während des Trainings den Gesichtsausdruck Ihres Hundes? Sehen Sie ihm in die Augen und können erkennen, wie er sich fühlt? Analysieren Sie seine Körperhaltung? Ist er kurz davor, sich zu verabschieden? Wird er unsicher, gelangweilt, nimmt seine Motivation ab oder ist seine Anspannung über ein gesundes Maß heraus angestiegen?

Der Anspruch durchgängiger Kommunikation sensibilisiert uns, mögliche Schwachstellen in unserem Training sofort zu erkennen. Wir haben gelernt, die Signale unseres Hundes richtig zu lesen, schnell die passenden Schlüsse daraus zu ziehen und sofort darauf zu reagieren. Ist unser Hund während des Trainings zum Zaun gelaufen, um mal kurz nach dem Rechten zu sehen? Gut! Bestimmt wissen wir jetzt, an welcher Stelle unseres Trainings der Zaun deutlich spannender war als unser gemeinsames Tun. Wir werden nach dieser Situation überlegen, wie wir zukünftig an dieser Stelle vermeiden können, die Aufmerksamkeit unseres Hundes zu verlieren.

Fazit

Durchgängige Kommunikation ist die Grundlage unseres Trainings. Ohne sie ist kein Lernerfolg möglich. Sie ist unser erstes Lernziel und dieses Fundament muss gegeben sein, bevor wir unseren Freudenweg-Turm hochklettern können.

Unser Hund lernt von Anfang an, während des Trainings durchgängig mit uns zu kommunizieren. Seine Konzentration soll ganz auf uns ausgerichtet sein und wir tun alles, um das für ihn möglich zu machen. Daher stimmen wir unser gesamtes Training auf das Erlernen unseres Fundamentes ab. Wir lernen, sehr achtsam die Signale unseres Hundes zu lesen. Wir werden immer besser darin, die richtigen Schlüsse daraus zu ziehen, und können immer schneller die richtige Hilfestellung geben. Die Situationen, in denen sich unser Hund, sei es mental oder auch körperlich, dem gemeinsamen Training entzieht, werden bald der Vergangenheit angehören. Sobald wir im Training durchgängig mit unserem Hund kommunizieren können, entwickeln wir Strategien, um es auch auf einem Turnier zu schaffen.

- Wir lehren unserem Hund ein „Pause" und „Warte" und wissen, dass „Pause" zum Alltagsgehorsam gehört und eine notwendige Grundvoraussetzung für unseren Hund ist, trainieren zu dürfen.
- Wir unterbrechen niemals unser Training und überlassen unseren Hund sich selbst. Entweder kennt unser Hund das „Warte" oder wir halten die Verbindung zu ihm aktiv aufrecht.
- Wir haben das „Warte" so aufgebaut, dass es unseren Hund mit freudiger Spannung erfüllt. Ein gut aufgebautes „Warte" eignet sich übrigens auch hervorragend als Einstimmung bei einem Turnier. Unsere Hunde liegen vor dem Eingang des Wettkampfrings alle im Platz und sind begeistert, wenn es endlich losgeht.

Und nachdem wir verstanden haben, wie grundlegend wichtig eine stabile, durchgängige Kommunikation zwischen uns und unserem Hund ist, ist es nur logisch, dass wir ein Training, das hier zu Rückschritten führen würde, kompromisslos ablehnen.

Freudenweg-Leitziel Freude

Anstatt nun in der Mitte des Turms beim Erfolg zu verweilen, springen wir ein paar Stufen höher direkt auf unsere Turmspitze zur Freude. Denn der Blick von der Spitze des Turms macht uns klar, wo genau wir überhaupt hin wollen. Kennen wir das Ziel, verstehen wir, warum die Kriterien für unseren Mittelteil so eng gesteckt sind und warum es da keine Toleranzen gibt. Wir schaffen es sonst nämlich nicht hinauf!

 Die Freude für Mensch und Hund muss durchgängig gegeben sein.

Das hört sich schwierig an und irgendwie auch etwas weltfremd? Ganz im Gegenteil, es ist absolut realistisch und einfach! Ganz einfach! Wenn wir ein ordentliches Fundament und einen stabilen Mittelteil unseres Turms gebaut haben, ist der Weg zur Spitze eine Leichtigkeit.

Was bezeichnen wir als Freude von Mensch und Hund? Eine ganz klare Aussage von uns: Als aktive Hundesportler stellen wir bei der Ausbildung unserer Hunde unsere Freude und die Freude unserer Hunde am gemeinsamen Tun über alle weiteren Ziele. Ein freudig arbeitender Hund, der deutlich zeigt, wie viel Spaß er an der gemeinsamen Aufgabe hat, ist somit unser größter Erfolg. Diese Freude spiegelt sich auch bei dem menschlichen Partner wider. Wir selbst können unsere eigenen Gefühle beim Training spüren und werten. In der Kommunikation mit unserem Hund haben wir gelernt, achtsam auch seine Gefühle zu lesen und richtig einzuschätzen. So schwer wird das also nicht.

Aber warum ist eine durchgängige Freude bei uns und unserem Hund im Training so wichtig, dass wir es als unser oberstes Leitziel und unseren größten Erfolg bezeichnen?
Ein Hund, der gelernt hat, dass ein gemeinsames Training mit uns immer und ausschließlich Freude bedeutet, wird deutlich schneller, nachhaltiger und fundierter lernen. Er strahlt vor Spaß und Selbstbewusstsein, auch noch nach vielen Jahren. Wir gehen diesen Weg, um immer eine unbelastete, glückliche Zeit mit unserem Hund zu verbringen, wenn wir gemeinsam trainieren. Unsere Freizeit ist uns viel zu kostbar, um sie mit negativen Gefühlen zu belasten. Das Training mit unserem Hund ist eine Bereicherung für unseren Alltag und keine zusätzliche Pflicht.
Auch dürfen wir nicht unterschätzen, wie gut unser Hund unsere Stimmung spürt. Wir können ihm Freude, also unsere positive Beurteilung unserer gemeinsamen Arbeit, nicht vorspielen.

 Barbara hat das einmal versucht. Sie hatte sehr schlechte Laune, wollte aber trotzdem nicht das Training mit ihren Monstern ausfallen lassen. Vermeintlich schlau hatte sie sich überlegt, ihre schlechte Laune zu überspielen, damit ihre Hunde das nicht merken würden. Ein Trugschluss! Daphne, die als Erste an der Reihe war, machte Barbaras aufgesetzte Fröhlichkeit kurz mit, drehte sich dann mitten in einer Übung um, warf Barbara noch einen vorwurfsvollen Blick zu, ging auf ihren Pausenplatz und legte sich hin. Wer die immer fröhliche Chaosqueen Daphne kennt, die kaum je still sitzt und nichts mehr liebt, als mit Barbara zu üben, weiß, wie unglaublich dieses Verhalten war. Barbara hat dann das komplette Training an diesem Tag zugunsten einer jetzt wirklich fröhlichen Spielrunde gestrichen und hat auch nie wieder versucht mit schlechter Laune zu trainieren.

Carmen hat mit Gimli einige Zeit unter sehr hohem äußerem Druck Turniere bestritten. Es war ihr unmöglich, wirklich mit Freude zu arbeiten. Gimli reagierte sofort. Der freudigen Erwartung, die ihm sonst oft half, schwierige Situationen zu meistern, wichen Unsicherheit und Verzagtheit. Erst als Carmen, ungeachtet aller Einflüsse, zu ihrem eigenen Weg zurückfand, wurden Turniere wieder zum gemeinsamen freudigen Erlebnis.

Selbst wenn wir zu Beginn etwas langsamer vorankommen, da wir erst ein tragfähiges Fundament, die Kommunikation, bauen und dann einen stabilen Mittelteil, den Erfolg, erarbeiten, bleiben wir schlussendlich immer auf unserer Turmspitze und können ohne Einschränkungen unsere Träume verfolgen.

Unser Ziel ist, ständig unsere eigene Leistung bei der Ausbildung unseres Hundes zu verbessern. Nur wir ganz allein sind der entscheidende Faktor, der für den gemeinsamen Erfolg unseres Mensch-Hund-Teams verantwortlich ist. Wir wollen ganz klare Kriterien für die Beurteilung unserer Leistung haben. Diese Kriterien sind nicht an die Geschwindigkeit der Ausbildung unseres Hundes geknüpft und auch nicht an seine Leistung auf Turnieren. Das sind immer nur Momentaufnahmen und sagen nichts über die weitere Entwicklung unserer Hunde aus. Wir alle kennen tragische Geschichten von „Starhunden", die irgendwann nicht mehr in der Lage waren, auf Turnieren zu starten. Einen solch traurigen Weg wollen wir uns und unseren Hunden unbedingt ersparen. Uns interessiert ausschließlich der langfristige und nachhaltige Erfolg unserer Hunde. Wir möchten uns mit ihnen stetig weiterentwickeln. Unser gemeinsamer Weg soll nur aufwärts gehen, nie zurück! Wir möchten nicht eines Tages feststellen müssen, in einer Sackgasse gelandet zu sein. Würden wir unsere Ausbildungsleistung also an der Geschwindigkeit der Ausbildung oder den Turniererfolgen messen, hätten wir kein Kriterium an der Hand, das uns frühzeitig aufzeigt, falsch abgebogen zu sein.

Wir möchten eine Beurteilungsmöglichkeit für die verschiedensten Trainingsmethoden haben, damit wir die auswählen können, die für uns und unseren Hund am besten ist. Messzeiten, Punktzahlen und Platzierungen sagen nichts darüber aus, ob wir und unser Hund mit Freude zusammenarbeiten. Sind wir aber, genau wie unser Hund, durchgängig mit Freude bei der Sache, passt die Methode und wir können nichts falsch machen!

Stellen Sie sich einen vor Freude wild kläffenden Hund im konzentrierten Heelwork Training vor. Ihm macht die Sache riesigen Spaß, das zeigt er deutlich. Wir selbst sind schrecklich genervt von seiner Kläfferei, außerdem arbeitet er unkonzentriert, weil er vor Freude ganz aus dem Häuschen ist. Um gut zu trainieren, müssen aber beide Trainingspartner, also wir selbst und unser Hund, Freude empfinden. Das ist in unserem Beispiel nicht der Fall. Jetzt wäre der passende Zeitpunkt für eine Trainingspause gegeben. Wir bringen unseren Hund auf seinen Pausenplatz, nachdem wir eine positive Abschlussübung mit ihm gemacht haben. Seine Trainingssequenz muss unbedingt positiv enden. Nicht er hat etwas falsch gemacht, sondern wir. Nun können wir in Ruhe, ohne unseren Hund, überdenken, an welcher Stelle wir unsere Leistung nachbessern müssen, damit auch unsere Freude erhalten bleibt.

 Und wieder stellen wir uns ein konzentriertes Heelwork Training vor. Diesmal sind wir entspannt und freudig bei der Sache. Unser Hund geht zwar korrekt aber unmotiviert an unserer Seite. Ihn scheint die Übung deutlich zu langweilen. Auch hier passt die Methode nicht. In so einem Fall sollten wir versuchen, unserem Hund noch große Freude zu vermitteln, bevor wir ihn auf seinen Pausenplatz bringen, sei es durch ein tolles Spiel oder ein besonderes Futter. Dann können wir eine Lösung überlegen, wie wir unserem Hund diese Übung anders nahebringen, damit nicht nur wir Spaß an der Sache haben, sondern auch er.

Die Grundlage für die Arbeitsfreude unseres Hundes ist eigentlich selbstverständlich, wird aber leicht vergessen: Sein Aufwand muss sich lohnen! Bleiben wir weiter beim korrekten Heelwork. Kein Hund dieser Welt, wäre er noch so triebstark oder hätte egal wie viel Will-to-please, findet allein das Training von korrektem Heelwork spannend. Spannend ist genau das, was wir daraus für ihn machen!

 Wir müssen für unseren Hund eine Bestätigung finden, die seiner Aufgabe angemessen ist.

Allein diese Aussage macht uns klar, dass wir nicht immer mit der gleichen Bestätigung arbeiten können. Nicht alle Aufgaben sind gleich anspruchsvoll für unseren Hund. Es gibt Dinge, die er mit Leichtigkeit tut und die ihm Spaß machen, andere findet er eher langweilig, mühsam oder sie fallen ihm schwer. Auch wollen wir an Trainingsorten mit interessantem Umfeld unseren Hund für das gemeinsame Tun begeistern.

Was ist also die richtige Bestätigung für meinen Hund und die spezielle Aufgabe an einem bestimmten Trainingsort? Andere Belohnungen als Futter oder Spielzeug machen im normalen Training keinen Sinn. Natürlich kann ich einen Hund, der gern schwimmt, vor einem Fluss ein paar Übungen machen lassen und als Belohnung darf er schwimmen, aber ein Fluss wird im täglichen Training nicht immer in der Nähe sein.

Knüpfen wir die Beurteilung unserer Ausbildungsleistung an die durchgängige Freude unseres Hundes im gemeinsamen Training, werden wir sofort merken, an welchen Stellen wir nachbessern müssen. Sei es, die Wertigkeit für unseren Hund zu erhöhen, mit einer besseren Bestätigung oder mit einer höheren Belohnungsfrequenz oder einem komplett anderen Übungsaufbau. Dies alles sind wichtige Bausteine für den Mittelteil unseres Turms, den Erfolg.

Freudenweg-
Leitziel Erfolg

Dieser stabile Mittelteil gibt uns eine gute Richtschnur
und Hilfestellung für das Erreichen des obersten Leitziels Freude.
Der Erfolg für Mensch und Partner Hund muss durchgängig gegeben sein. Das hört sich fast
unmöglich an, ist aber wirklich nicht schwer, wenn wir wissen, was zu beachten ist. Was
bezeichnen wir als Erfolg von Mensch und Hund im Training? Auch diese Definition ist klar und
verständlich:

**Wir, genauso wie unser Hund, müssen zu jedem Zeitpunkt
unser gemeinsames Training erfolgreich absolvieren können.**

Lesen Sie bitte den letzten Satz nochmal. Erfolg bedeutet, dass wir gemeinsam mit unserem Hund
jede gestellte Aufgabe schaffen. Nicht mehr, aber auch nicht weniger! Wir treffen ganz bewusst
keine Aussage über die Lerndauer unserer einzelnen Schritte genauso wenig, wie wir irgendeinen
anderen Anspruch an Sie und Ihren Hund formulieren.

Erfolg bemisst sich nicht nach der Zeit, die für die Ausbildung notwendig ist. Erfolg bemisst sich auch nicht an der Schwierigkeit der bewältigten Aufgaben. Und genauso wenig bemisst sich Erfolg an der Dauer der Trainingseinheit, die unser Hund „durchgehalten" hat.
Erfolg bemisst sich nicht an Titelgewinnen oder der Bewertung eines Richters, der uns und unseren Hund nicht kennt, genauso wenig wie den Weg, den wir schon gemeinsam zurückgelegt haben. Auch hier sagen Punkte und Zeiten nichts über unseren wirklichen Erfolg aus!

 Dieses Leitziel verlangt nur durchgängig erfolgreiches Schaffen aller Aufgaben in der Trainingseinheit!

Wir bemessen den Erfolg unserer Leistung an der Leichtigkeit, mit der wir das Training mit unserem Hund durchgeführt haben und ob es uns gelungen ist, seine Übungen so aufzubauen, dass er sie durchgängig erfolgreich geschafft hat. Sie schauen gerade zweifelnd Ihren Hund an und denken an die letzte Trainingseinheit, bei der Sie beide an einer Aufgabe schwer geknabbert haben?
Wir wollen unserem Hund von Beginn des Trainings an durchgängige Freude vermitteln und wir wollen unsere eigene Freude am Training nicht von Zweifeln und Rückschlägen eingetrübt wissen. Um jetzt den Weg in die richtige Richtung zu beginnen, ist es notwendig, unser großes Ziel „durchgängig freudig arbeitender Hund, entspannter, glücklicher Mensch" in viele kleine Schritte aufzuteilen.

Kleine Schritte zum großen Ziel

- Wir finden für einen am Training völlig desinteressierten Hund die Motivation, die ihn freudig zu uns kommen lässt. Wir entwickeln dann genug Fantasie, um unsere Aktionen mit unserem Hund so spannend zu gestalten, dass er den Fokus und die Freude immer länger halten kann.
- Wir beenden das Training immer zu dem Zeitpunkt, an dem unser Hund noch großen Spaß hat, egal, wie kurz die ersten Zeitspannen auch sind.
- Wir setzen unsere Trainingsziele so, dass wir sie bequem und entspannt mit unserem Hund erreichen können und sein Selbstbewusstsein mit jedem Training größer wird.
- Wir sind beim Training nie gestresst, genervt oder ungeduldig. Klappt etwas nicht, hinterfragen wir uns sofort selbst. Das Training mit unserem Hund ist immer eine schöne Zeit für uns und für ihn.
- Wir entwickeln Flexibilität, um uns sofort auf ein unerwartetes Verhalten unseres Hundes einstellen zu können. Wir stellen unser Training so um, dass unser Hund weiterhin Erfolg hat.
- Wir schätzen unser Können realistisch ein, hinterfragen nach jedem Training unsere Leistung und arbeiten stetig an unserer Weiterentwicklung.
- Wir hören uns Trainingstipps gern an, aber wir verwenden sie nur, wenn die Freude und der Erfolg unseres Hundes erhalten bleiben. Übungen, die die „Frustrationstoleranz" unseres Hundes steigern sollen, lehnen wir strikt ab. Unsere Hunde brauchen sie nicht. Sie lernen genau das Gegenteil. Training ist toll! Immer und jederzeit!

- Wir lassen uns nicht manipulieren und benutzen unseren eigenen Kopf, um zu hinterfragen, ob wir weiterhin auf dem Weg sind, auf dem wir gehen wollten, und ob die gerade gehörte Meinung zu uns und unserem Hund passt.
- Wir führen unseren Hund an neue Trainingsorte und Situationen so heran, dass er auch hier Freude empfindet. Bei einem Hund, der in fremden Umgebungen ängstlich ist, Stress empfindet oder leicht ablenkbar ist, werden hier viele winzige Schritte und viel Fantasie und Einfühlungsvermögen notwendig sein.
- Wir steigern unsere Leistungsanforderungen nur in dem Maße, in dem wir selbst in der Lage sind, diese umzusetzen, und die Freude unseres Hundes und sein Erfolg durchgängig erhalten bleiben.
- Wir halten die Kommunikation mit unserem Hund während des Trainings durchgängig aufrecht.

Erfolgreiches Schaffen

An das „erfolgreiche Schaffen" ist eine ganz entscheidende Bedingung geknüpft: Mehr als zwei Fehlversuche hintereinander dürfen wir unserem Hund nicht zumuten. Beim dritten Versuch unterstützen wir ihn so, dass er auf alle Fälle einen Erfolg hat und von uns bestätigt werden kann. Auch wenn unser Hund hier vermeintlich eine größere Toleranzgrenze hat, mehr Fehlversuche dürfen nicht sein. Warum? Das hat verschiedene Gründe.

Erstens, weil der Erfolg die Basis für unser oberste Leitziel, die durchgängige Freude ist, diese aber bei uns und unserem Hund mit jedem Fehler instabiler wird. Für Minimonster Pia sind zwei Fehlversuche am Stück meistens zu viel. Ihre Freude am Training ist in Schutt und Asche gelegt. Sie wirft sich platt auf den Boden und signalisiert ganz deutlich ihren Unmut über die dumme Aufgabe. Yedi schluckt und lässt nach zwei Fehlversuchen die Ohren hängen. Gimli spult verzweifelt ein wildes Programm seiner Möglichkeiten ab. Selbst wenn Ihr Hund das nicht so deutlich zeigt wie diese drei, Spaß machen Fehler und notwendige Korrekturen ihm bestimmt nicht.

Zweitens soll das gemeinsame Training ja auch für uns erfolgreich sein. Wir sehen es nicht als Erfolg für unsere Trainingsleistung, wenn wir uns mit zahlreichen Fehlversuchen, gestresst und zweifelnd, zu einem Übungsziel gekämpft haben. Wir erreichen unsere Ziele spielerisch, entspannt und ohne selbst angestrengt zu sein. Ein Training, das uns anstrengt, ist falsch! Warum sollen wir also mit Lernen aus Versuch und Irrtum unnütze Zeit vergeuden und Frustration erzeugen, wo es doch so einfach ist. Bauen wir unser Training so auf, dass der Hund keinen Fehler machen kann!

Lassen Sie uns jetzt weiter über das „erfolgreiche Schaffen" jeder einzelnen Übungsaufgabe sprechen.

 Wir müssen uns völlig klar sein: Sind die Übungsschritte klein genug, wird jeder Hund Erfolg haben!

Macht unser Hund Fehler, haben wir ihn falsch an die Aufgabe herangeführt, den Übungsschritt zu groß gewählt, seine Motivation nicht berücksichtigt, falsche Signale gesendet, unsere Körperhaltung stimmt nicht oder wir haben an den falschen Stellen bestätigt. Diese Aufzählung ließe sich noch lange fortführen, aber schon hier ist deutlich:
Der Fehler liegt immer bei uns und nie bei unserem Hund!

Es gibt nur einen einzigen Grund, hier eine Toleranzgrenze zu lassen, nämlich um unsere schlechte Trainingsleistung zu rechtfertigen! Und genau das möchten wir gerade nicht! Wir wollen unsere Kriterien für die Beurteilung unserer eigenen Leistung so klar und eng begrenzen, dass wir eine schnelle und einfache Möglichkeit haben, uns zu verbessern. Denn das ist unser Ziel. Wir selbst wollen genau wie unser Hund mit jedem einzelnen Training besser werden. Das Tempo interessiert bei uns genauso wenig wie bei unserem Hund. Wir möchten eine stetige Weiterentwicklung ohne Rückschritte!

 Bei Pia muss im Training alles stimmen, damit sie mit großer Freude mitmacht. Sie hat keinerlei Verständnis, wenn es Barbara nicht gelingt, ihr eine Aufgabe richtig zu erklären.

Zudem ist ihre Freude sehr abhängig von der richtigen Bestätigung und einem sehr abwechslungsreichen Übungsaufbau. Pia nun unter diesen Voraussetzungen korrektes Fußgehen beizubringen, war ein Geduldsspiel. Allein an den ersten drei (!) zusammenhängenden Schritten arbeiteten Barbara und Pia mindestens zwölf Wochen in winzig kleinen Einheiten, um unter keinen Umständen Pias Begeisterung zu trüben.

Immer wenn Barbara dachte, heute klappt es ganz bestimmt, hüpfte Pia nach dem ersten oder zweiten Schritt fröhlich los. Aber die zwei ließen sich nicht beirren und vor allem verloren sie nicht ihren Spaß. Sie machten einfach weiter, und eines Tages dann die drei Schritte! Ab diesem Zeitpunkt ging es ganz schnell voran. Beide brauchten eben diese längere Anfangsphase. Und wen interessiert das eigentlich heute noch?

 Alle drei Leitziele – Freude, Kommunikation und Erfolg – in jedem einzelnen Training durchgängig und gleichzeitig zu erhalten, ist der hundertprozentige Garant für ein perfektes Training!

Und wenn wir selbst die Grundlagen der einzelnen Leitziele verinnerlicht haben, werden wir nie wieder anders trainieren. Wir gehen mit unserem Hund den Freudenweg!

$1 + 2 \ldots + 3$

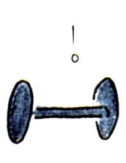

Die Trainings- komponenten

Als Trainingskomponenten sind hier Mensch, Hund und Trainer gemeint. Zuvor möchten wir aber noch kurz über das Thema Ehrgeiz nachdenken.

Hierzu ein Zitat von William James, einem US-amerikanischen Psychologen und Philosophen, der 1910 gestorben ist: *„Der stärkste Trieb in der menschlichen Natur ist das Streben nach Anerkennung."* Wollen wir ihm einfach mal folgen und feststellen, dass für die meisten unter uns Anerkennung sehr wichtig ist. Allerdings ist Anerkennung oft flüchtig und wird unter Umständen sehr teuer erkauft.

- Wir verbiegen uns und unseren Hund und arbeiten mit Trainingsmethoden, bei denen wir uns nicht wohlfühlen.
- Wir haben manchmal den Eindruck, dass unserem Hund seine Aufgabe nicht wirklich Freude bereitet.
- Wir zweifeln an uns und unserem Hund und machen doch immer weiter oder wir geben entnervt auf.

Was ist Ehrgeiz?

Was ist eigentlich Ehrgeiz ganz genau und warum lässt er uns manchmal den falschen Weg wählen?
Der Duden definiert Ehrgeiz als ein *„starkes oder übertriebenes Streben nach Erfolg und Ehren"*. In der Psychologie versteht man unter Ehrgeiz *„das Streben nach Leistungen, die Anerkennung finden"*. Heinrich von Kleist stellte schon 1801 fest: *„Ach der unselige Ehrgeiz, er ist Gift für alle Freuden."*
Wenn wir diese Sätze überdenken, wird das zugrunde liegende Problem schnell klar. Unser Streben nach Anerkennung ist von der Bewertung durch andere Menschen abhängig. Sie werden uns nur dann ihre Anerkennung zollen, wenn wir ihrer Sichtweise entsprechen. Immer dann, wenn wir uns der Bewertung durch andere stellen, beugen wir uns Maßstäben, die wir selbst nicht entwickelt haben und die auch nicht unbedingt genau zu unserer Situation passen. Wenn wir somit unsere Zufriedenheit an die Anerkennung von anderen knüpfen, können wir sehr schnell unsere persönlichen Voraussetzungen und die Möglichkeiten unseres Hundes aus den Augen verlieren.

Manchmal bekommen wir Komplimente von Menschen, die uns eigentlich gleichgültig sind. Viele der Menschen, die unser letztes Pokalfoto auf Facebook „geliked" haben, kennen wir kaum. Manchmal bekommen wir auch Komplimente für eine Leistung, die – wenn wir genau darüber nachdenken – gar nicht das ist, was wir eigentlich mit unserem Hund erreichen wollten, als wir zum ersten Mal in die Trainingsgruppe gegangen sind. Viele von uns wollten einfach eine schöne, gemeinsame Zeit mit ihrem Hund verbringen. Sie wollten ihn sinnvoll beschäftigen, in einer Trainingsgruppe nette Gleichgesinnte treffen oder ein schönes Hobby im oft anstrengenden Alltag haben. Plötzlich vergleichen wir die Leistung unseres Hundes mit der seiner Trainingskollegen und ärgern uns, dass wir den Slalom immer noch nicht fehlerfrei können, die anderen aber schon. Außerdem ist unser Hund langsam und am nächsten Wochenende ist Turnier. Diesmal soll es aber klappen.

Nein, wir möchten Ihnen jetzt nicht einreden, Sie sollten nicht mehr nach Anerkennung streben. Wenn wir William James glauben wollen, wäre das auch wirklich schwierig. Aber wir können versuchen zu überlegen, wie wir für das Problem eine Lösung finden.

 Warum nicht deutlich und bestimmt eigene realistische Ziele formulieren, die wir gemeinsam mit unserem Hund erreichen möchten?

Wir kommen nicht umhin, unsere eigene Leistung und unser Können ehrlich zu beurteilen und auch zu überlegen, welche Voraussetzungen unser innig geliebter Partner Hund überhaupt mitbringt. Wenn wir so ein erreichbares Ziel für uns und unseren Hund gefunden haben und die notwendigen Schritte zu diesem Ziel in dem Tempo gehen möchten, das wir und unser Hund dafür brauchen, ist es notwendig, sich nicht beirren zu lassen! Es erfordert Selbstsicherheit, diesem Ziel dann vor Trainingskollegen und Trainern nachzugehen.
Aber wenn wir wissen, dass es so und nicht anders richtig ist, wird der Weg gar nicht schwer und bestimmt viel leichter, als von außen aufgesetzten Leistungsanforderungen hinterher zu hecheln.

Der wunderbare Nebeneffekt: Sie bekommen nach und nach immer mehr Anerkennung für ein Trainingsprinzip, das das Beste aus Ihrem Hund herausholt. Und dabei sind nicht nur Sie, sondern auch Ihr Hund begeistert, die gemeinsame Zeit so fröhlich miteinander verbringen zu können. Nicht jeder Hund und auch nicht jeder menschliche Partner bringen, auf den ersten Blick betrachtet, die Voraussetzung mit, sportliche Erfolge zu erringen. Warum sollten wir nicht trotzdem Freude daran haben, unseren Hund seinen und unseren Möglichkeiten gemäß bestmöglich auszubilden? Vielleicht möchten wir sogar einen ehemals ängstlichen Hund stolz auf einem Turnier präsentieren, selbst wenn wir mit den Sportskanonen nicht mithalten können. Sein sicherer, freudiger Auftritt auf schwierigem Terrain ist die Bestätigung dafür, dass unser Training absolut richtig ist. Unser ehrgeiziges Ziel mit unserem ängstlichen Hund ist erreicht und wir sind bereit für neue Herausforderungen in unserer persönlichen sportlichen Laufbahn.

Ein Training jedoch, das die Möglichkeiten unseres Hundes außer Acht lässt, dient nur dem Ehrgeiz des Menschen. Es ist keine fundierte und achtsame Ausbildung unseres besten Freundes. Warum tue ich mir und meinem Hund eine so belastende, gemeinsame Zeit an? Kein Glück und keine Anerkennung, die ich bei einem so teuer erkauften Pokal empfinde, wiegen all das auf!

Jede unsere drei Trainingskomponenten – der Mensch, der Hund und der Trainer – ist unbeständig. Sie verändert sich bei jedem Training und beeinflusst dadurch unmittelbar das Verhalten der anderen beiden.

Allein dieser Ansatz zeigt, wie wichtig eine sensible Beurteilung der Voraussetzungen ist, um daraus die richtigen Entscheidungen für den Trainingsaufbau und den Erfolgsanspruch abzuleiten, und wie unerlässlich es ist, jederzeit völlig flexibel das Trainingsprogramm zu verändern.

Wenn ich mit meinem ängstlichen Hund ein Ablenkungstraining am heimischen Stadtplatz plane und dort von ihm seine schwierigsten Aufgaben einfordere, ist der Frust vorprogrammiert. Er kann sie bestimmt nicht erfolgreich zeigen. Ich selbst bin nach kürzester Zeit verunsichert und strahle das auch aus. Die Freude für mich und meinen Hund hat sich spätestens 5 Minuten nach Beginn des gemeinsamen Trainings verabschiedet.

Plane ich mein Training unter Beachtung der Freudenweg-Leitziele und überdenke vorher, was, wann, wie, wo und warum diesen entgegenstehen könnte, bin ich in der Lage, auch bei unerwarteten Gegebenheiten entspannt und schnell zu reagieren, um die Freude und den Erfolg von mir und meinem Hund zu erhalten.

Die Komplexität dieses Themas zeigt sich bei der genaueren Betrachtung der einzelnen Trainingskomponenten. Fangen wir also an, und zwar mit uns.

Der Mensch

Thema dieses Kapitels sind ausschließlich **wir**. Der Trainer als Außenstehender bekommt sein eigenes Kapitel.

Wir ganz allein sichern den Erfolg oder Misserfolg unserer Mensch-Hund-Beziehung. Wir tragen also sehr viel Verantwortung auf unseren Schultern. Dessen müssen wir uns unbedingt bewusst sein, und zwar nicht erst dann, wenn das Verhalten des Hundes uns auf unsere unbedachten Fehler aufmerksam macht.

Wir sind der einzig bestimmende Part in der Beziehung zu unserem Hund. Daraus resultiert unsere Verantwortung für eine durchdachte Ausbildung, das Training und die Partnerschaft. Und deshalb ist es notwendig, unsere eigenen Unzulänglichkeiten und Entwicklungsfelder zu kennen, sonst funktioniert das nicht.

Unser Hund versteht die Aufgabe nicht? Wie oft wird das eigene Unvermögen, eine Aufgabe richtig zu vermitteln, durch ein genervtes Verhalten am Hund ausgelassen. Dabei können viele Menschen einfach nicht genug! Die Ausbildung unseres Hundes basiert immer auf unserem Können, unserer Einstellung und unseren Zielen. Gedankenlos wird die Schuld am Misserfolg auf den armen Hund abgewälzt, anstatt mal einzuhalten, den eigenen Kopf anzustrengen und etwas zu ändern.

Wie oft sind Hundesportler jeder einzelnen Sparte zu beobachten, deren Körperhaltung oder Signalgebung es dem Hund schlicht unmöglich macht, die gestellte Aufgabe zu lösen. Und wie reagieren sie auf die Fehler ihres Hundes? Gereizt wird die gleiche Aufgabe immer und immer wieder abgespult, bis auch der Akku des motiviertesten Hundes leer ist.

Wenn wir eine neue Aufgabe mit unserem Hund angehen, ist es zwingend erforderlich, im Voraus die Anforderungen zu bedenken.

In welche Richtung zeigen unsere Schultern bei der neuen Agilitywendung, damit unser Hund statt auf den Steg nicht in den Tunnel läuft? Was ist mit unseren Armen? An welcher Stelle müssen wir uns drehen? Können wir das auch im Laufen? Und warum probieren wir das nicht alles erst mal ohne Hund aus, bis wir sicher sind, dass unser Part sitzt?

Kennen wir die vielen kleinen Schritte, um unserem Hund den süßen Trick beizubringen, den wir im Internet gesehen haben? Und wie bauen wir sie aufeinander auf?

Wissen wir, wie wir unseren Hund motivieren können, damit er für eine längere Obedience-Aufgabe das nötige Rüstzeug für freudiges Arbeiten hat?

Haben wir die richtigen körperlichen Grundlagen trainiert, damit unser Hund den Sprung beim Frisbee überhaupt ausführen kann? Schadet es ihm auch nicht? Wissen wir, ob der Boden geeignet und rutschfest ist?

Haben wir den Regen am Nachmittag in unserer Trainingsplanung berücksichtigt? Die dicken Schuhe für den feuchten Rasen eignen sich nicht für ein Heelwork Training.

Haben wir unsere Dogdance-Choreografie im Kopf, sodass wir uns im Turnier ganz auf den Hund konzentrieren können?

Welche Basics brauchen wir, bevor wir überhaupt ins Treiballtraining einsteigen können?

Sind wir der Aufgabe gewachsen? Sind wir in der Lage, dem Hund klar und deutlich und unter Beachtung der drei Freudenweg-Leitziele Freude, Kommunikation und Erfolg zu vermitteln, was wir erwarten?

Es ist in unserer Verantwortung, die Voraussetzungen zu schaffen, dass unser Hund jede der ihm gestellten Aufgaben mit Bravour bewältigen kann. Jeder Fehler und Misserfolg des Hundes ist immer und ausschließlich eine mangelhafte Trainingsleistung des Partners Mensch.

Der notwendigste Grundbaustein ist das Einfühlungsvermögen in die charakterlichen und körperlichen Eigenschaften unseres Hundes. Weitere Grundbausteine sind das Wissen über die Verhaltenspsychologie des Hundes generell und speziell auf die Rasse unseres Hundes bezogen. Auch sollten wir uns natürlich mit verschiedenen Trainingstechniken beschäftigt haben und die Vor- und Nachteile kennen.

Wenn diese Voraussetzungen gegeben sind, kommt unsere allerwichtigste Aufgabe, nämlich ausgiebig darüber nachzudenken und die richtigen Schlüsse daraus ziehen! Es ist viel gegeneinander abzuwägen, um die Folgen für unseren Hund und die gemeinsame Arbeit zu beurteilen.

Wir müssen die optimale Länge unserer Trainingseinheit finden, die sinnvolle Reihenfolge der einzelnen Sequenzen festlegen, die Pausen sind zu planen. Die lang- und kurzfristigen Ziele sind realistisch zu beschließen und immer wieder flexibel zu korrigieren. Die Motivation unseres Hundes ist stetig zu fördern, seine Konzentrationsfähigkeit soll sich immer weiter verbessern und auch seine Belastbarkeit durch äußere Einflüsse oder in Turniersituationen soll weiter wachsen.

Damit wir in diesem Gedankenprozess den Weg des freudigen und entspannten Miteinanders nicht aus den Augen verlieren, können wir uns ganz einfach an den Freudenweg-Leitzielen orientieren. Beachten wir sie durchgängig, merken wir sofort, an welcher Stelle wir falsch abbiegen.
Und bei allen beschriebenen Notwendigkeiten dürfen wir eines nicht aus den Augen verlieren:

Wir sind auch nur Menschen!

Ja, und das heißt, wir haben ein Leben neben unserem Hund. Dieses Leben ist mal großartig, mal niederschmetternd, mal beflügelt uns der vor uns liegende Tag, mal lähmt uns allein der Gedanke an das Elterngespräch in der Schule. Mal schwimmen wir beruflich auf einer Erfolgswelle und haben das Gefühl, uns gelingt alles, mal stecken wir in langweiligen Routineaufgaben fest und fühlen uns überflüssig.

Zum Weihnachtsfest hat sich die komplette Familie angesagt. Alle freuen sich schon auf die Gans. Eine für so viele Personen? Reicht mein Backofen überhaupt? Die Schwägerin ist seit neustem Vegetarierin und die Tochter wünscht sich das neue I-Phone, wird es aber nicht bekommen und deshalb den ganzen Abend schlechte Laune haben.

Bei der Planung unseres gemeinsamen Trainings sind somit nicht nur das Was, Wie und Warum unseres Hundes wichtig. Es ist genauso wichtig, unsere eigene physische und psychische Disposition zu berücksichtigen und mit dem geplanten Training in Übereinstimmung zu bringen.

Barbara steht an ihren Arbeitstagen um 5:30 Uhr auf, um noch eine Stunde mit ihren Hunden trainieren zu können. An manchen Tagen fühlt sie sich völlig zerschlagen und so müde, dass sie meint, kaum ihre Kaffeetasse halten zu können. Da ihre Hunde aber begeistert auf ihren Spaß warten und sie ihnen keine Enttäuschung bereiten möchte, übt sie an einem solchen Morgen lediglich die allereinfachsten Sachen, die ihre Hunde lieben, Barbara aber keine Energie kosten.

Im Büro ist heute alles schiefgelaufen. Der Abgabetermin musste unbedingt eingehalten werden. Sie hetzen eine Stunde später als sonst nach Hause. In größter Eile werfen Sie sich in Ihre Hundeklamotten. Ihr Hund wird ungeduldig ins Auto verfrachtet und völlig am Ende erreichen Sie 10 Minuten nach Beginn Ihrer Stunde den Hundeplatz.

Ist es Ihnen so oder ähnlich schon passiert? Und hatten Sie ein durchdachtes, entspanntes, freudiges Training? Nein? Vielleicht ist es besser, an manchen Tagen das Training ausfallen zu lassen und einen gemütlichen Spaziergang mit dem Hund zu machen oder ein Alternativprogramm in petto zu haben, welches allen Beteiligten einfach nur Spaß macht?

Selbstreflexion

Wir sind mit unseren Denkaufgaben also noch nicht am Ende. Selbstreflexion bedeutet das Nachdenken über uns selbst.

Es ist oft einfach, sich über die Fehler der Trainingskollegin Gedanken zu machen. Wir wüssten ja ganz genau, wie sich ihr Problem mit diesem dauerkläffenden Hund lösen lässt. Denken wir doch stattdessen lieber intensiv über unsere eigenen Stolpersteine und Baustellen nach!

Wagen wir also den Schritt und denken über uns nach. Das heißt, wir werden uns darüber bewusst, wo unsere Stärken und Schwächen liegen und wie wir damit umgehen wollen. Auf die Planung des gemeinsamen Trainings mit unserem Hund bezogen treffen wir nun die richtigen Entscheidungen und beziehen unsere Möglichkeiten realistisch mit ein.

> Bin ich zum Beispiel schnell ungeduldig, sollte ich nach einem anstrengenden Arbeitstag nicht unbedingt die neue, schwierige Aufgabe mit meinem Hund in Angriff nehmen, bei der es auf meine Geduld und die punktgenaue Bestätigung sowie der liebevollen Motivation für ihn ankommt. Viel besser, und genau so macht es Barbara an den Abenden nach ihrer Arbeit, ist diese wertvolle, gemeinsame Zeit nur einem besonderen Spaß vorbehalten. Eine fröhliche Übung, die bestimmt immer klappt, kein Energieaufwand und keine Motivationsaufgabe für Barbara, aber für ihre Hunde ein ganz besonderes Highlight.

Seien wir kreativ und planen verschiedene Möglichkeiten, wie wir entspannt unserem Hund ein tolles Erlebnis bieten können. Und bei all dem lernt er sogar etwas dabei. Selbst eine reine Spielsequenz kann für einen ruhigen Hund eine gute Arbeit an seiner Motivation und seinem Temperament sein.

Teil unserer Selbstreflexion ist die Selbstkritik, die uns die eigene Umsetzung und Leistung kritisch hinterfragen und beurteilen lässt. All das bezieht sich nicht nur auf unsere aktuelle Stimmung und körperliche Befindlichkeit, sondern auch auf die generellen und immer vorhandenen Eigenschaften unseres Charakters. Und genau unsere konstruktive Selbstkritik ist entscheidend für unsere persönliche Weiterentwicklung in der Ausbildung unseres Hundes. Lassen wir uns durch die scheinbar negative Bedeutung dieses Wortes nicht erschrecken. Kritik bedeutet schlicht die Beurteilung eines Gegenstandes oder einer Handlung.

Seien Sie also kritisch und beurteilen Sie sich selbst! Viel Vergnügen!

ICH	Nein	Schwach	Vorhanden	Stark
TEMPERAMENTVOLL				
INTROVERTIERT				
STRUKTURIERT				
KREATIV				
GEDULDIG				
GELASSEN				
FRÖHLICH				
POSITIV				
KOMPETENT				

Wir haben erkannt, wo unsere Stärken und Schwächen liegen. Und wir haben uns gut überlegt, wo wir die Stärken im Training mit unserem Hund gezielt einsetzen und wie wir unseren Schwächen entgegenwirken müssen. Nun beurteilen wir, an welchen Stellen unsere Ideen funktioniert haben und für welche Situation wir noch etwas anderes planen müssen. Mehr nicht! Wir müssen uns nicht kasteien und mit Selbstzweifeln zerfleischen. Wir müssen einfach überlegen und einen neuen Plan machen, bis wir endlich den richtigen Weg gefunden haben. Und das immer wieder!

Bin ich zum Beispiel selbst ein nervöser und womöglich noch ungeduldiger Mensch, muss ich diese Charaktereigenschaft im Aufbau meines Trainings berücksichtigen.
Auch der gemütliche Typ, der eher langsam und gelassen durchs Leben geht, muss im Training mit seinem Hund an manchen Stellen bewusst diese Eigenschaft ablegen, um eine vielleicht etwas langweiligere Aufgabe mit dem nötigen Schwung aufzupeppen.
Und wer im Alltag eher unstrukturiert ist, muss beim Training mit seinem Hund systematischer planen. Statt kreativem Chaos ist klares Vorgehen gefragt.

Beim Training in der Gruppe, im Alltag und beim Wettkampf mit dem Hund stehen wir in der Öffentlichkeit. Lässt uns das kalt, sind wir nervös oder lieben wir es? Wie gehen wir damit um und wie erlebt uns unser Hund?

Der gemütliche Typ, der einen ebensolchen vierbeinigen Partner hat, dennoch aber im sportlichen Bereich Ziele verfolgt, wird Strategien für sein Training entwickeln müssen, die auf sein eigenes Verhalten ausgerichtet sind, um die Motivation seines Hundes zu fördern.
Genauso wird der nervöse Typ mit seinem zappeligen Junghund ganz bewusst sein Verhalten seinem Hund gegenüber ändern müssen, um in die gemeinsame Zeit etwas Ruhe hereinzubringen und Konzentration aufbauen zu können.

 Gerade wenn Mensch und Hund sehr ähnlich im Temperament sind, kann der Mensch durch eine gezielte Änderung seines Verhaltens wahre Wunder bewirken.

Ein freudig arbeitender Hund ist unser oberstes Ziel! Das setzt eine sorgfältige Ausbildung des Hundes voraus, die auf den Erhalt dieser Freude auch bei Prüfungen und Turnieren achtet. Um einen Hund so ausbilden zu können, darf der Mensch nicht genervt, frustriert oder verärgert sein, sondern muss eine freundliche, entspannte Grundstimmung haben. Und die hat er nur, wenn er das Training mit seinem Hund so aufbaut, dass er sie auch halten kann. Das heißt, hier beißt sich die Katze in den Schwanz: positives, erfolgreiches Training, freudiger Hund, zufriedener Mensch.

Auch hier, für uns selbst, helfen uns die Freudenweg-Leitziele Freude, Kommunikation und Erfolg. Indem wir die Beurteilung unserer Trainingsleistung an ihnen festmachen, wissen wir sofort, an welchem Punkt unser ursprünglicher Plan nicht mehr funktioniert hat. Und haben wir einmal Routine, können wir unmittelbar, und zwar schon im Training, an genau diesem Punkt das Training so ändern, dass wieder alles passt.

Fazit
Die Zeit, die wir aufwenden, um über alles nachzudenken und die richtigen Schlüsse zu ziehen, sparen wir vielfach ein. Wir brauchen sie nämlich nicht, um mühselige Rückschritte durch unbedacht gemachte Fehler wieder zu beseitigen und unseren Hund aus dem dadurch entstandenen Motivationstief herauszuholen.

Wir versuchen nicht, zu einer Zeit oder in einer Situation, die uns nicht behagt, krampfhaft eine Leistung zu erbringen, nur weil wir denken, wir müssten es.
Wir haben verstanden, warum es so immens wichtig ist, nicht nur auf unseren Hund, sondern gleichermaßen auf unser eigenes Gefühl zu achten.

Unser gemeinsames Training macht Spaß! Immer und überall! Wir erleben eine entspannte Zeit mit unserem Hund und können beobachten, wie sein Selbstbewusstsein täglich wächst, während wir beide das Training jederzeit genießen! Die Erfolge stellen sich dadurch schneller ein und sind durch unseren bedachten, achtsamen Trainingsaufbau nachhaltig.

Der Hund

In diesem Kapitel beschäftigen wir uns mit unserem vierbeinigen Freund. Wir wollen ihn ausbilden, seine Stärken herausfinden und ihm helfen, auch Aufgaben, die ihm vielleicht schwerer fallen, mit Freude erfolgreich auszuführen.

Um die Ausbildung unseres Hundes optimal zu planen, sind alle seine körperlichen und charakterlichen Eigenschaften zu berücksichtigen, genauso wie auch manche rassetypischen Verhaltensweisen eine aufmerksame und geplante Vorgehensweise erfordern.

Körperliche Voraussetzungen

Unabhängig von den speziellen Hundetypen, die wir später in diesem Kapitel besprechen, fragen wir uns im ersten Schritt: Verfügt unser Hund über die körperlichen Grundlagen für das Training? Der erfreuliche Aspekt, dass heute auch mit „Nichtarbeitsrassen" Hundesport betrieben wird, hat einen Nebeneffekt, den „Nichts-ist-unmöglich"-Gedanken! Natürlich kann der Minipinscher im Obedience geführt werden, der Berner Sennenhund im Agility und endlich wird auch vermeintlichen Schoßhunden Intelligenz zugestanden. Aber schauen wir doch genau hin. Kriechen ist für den Sheltie eine leichte Sache, der Berner Sennenhund tut sich schon schwerer und für die Dogge ist es vielleicht unmöglich. Männchen machen ist für viele Kleinsthunde

alltäglich, aber muss der 40 kg schwere Schäferhund nun auch auf den Hinterbeinen stehen, hopsen oder drehen? Bedenken wir doch bei aller Körperschulung und Hundegymnastik, dass manches einfach nicht geht oder unseren Hunden nicht guttut! Und in vielen Hundesportarten haben wir doch die Chance, die Einzigartigkeit unseres Hundes zu unterstreichen, indem wir seine ganz speziellen körperlichen Eigenschaften fördern. Nutzen wir das doch!

Heelwork können alle Hunde lernen, aber gehen wir doch mit dem Chihuahua mal in den Laufschritt oder versuchen mit dem Basset eine enge 360-Grad-Wendung. Sehen wir uns den Bewegungsablauf beim Heelwork an, wird uns klar, dass eine sorgfältige Bewegungsschulung unerlässlich ist! Es erfordert langes, behutsames Training, damit unsere Hunde auf allen vier Beinen fest und ausbalanciert stehen und gehen können. Wir müssen tüfteln, umdenken, ausprobieren und dabei ständig kritisch unser Tun betrachten, in jeder Trainingseinheit!
Ein Hovawart kann durchaus Spaß an Agility haben, aber er muss sich im Tunnel bücken, beim Slalom wird seine Wirbelsäule stärker belastet und er braucht mehr Zeit im Parcours. Wir fördern seine Ausdauer, Koordination und Konzentration, haben Freude am Training, aber es wäre einfach unfair, von ihm so schnelle und enge Wendungen zu verlangen wie von einem Sheltie.

Es sind nicht nur rassespezifische Eigenarten, die unser Training beeinflussen, auch Alter, körperliche Entwicklung und vieles mehr müssen wir unbedingt beachten. Sie meinen, das tun gewissenhafte Hundehalter? Wir erleben immer wieder ganz andere Dinge.

 Ein namhafter Hundetrainer wollte uns in einem Trickseminar als ganz besonderes Schmankerl den Aufbau des freien Handstands zeigen.
Die Teilnehmer: zwei Cairn Terrier (zehn Jahre alt), zwei weiße Schäferhunde, (sehr großrahmig), ein Cairn Terrier mit Rückenproblemen; ein Cairn Terrier im Alter von elf Monaten, zwei stark übergewichtige Aussies, ein Briard (elf Monate alt) sowie ein Pudel (zwei Jahre alt) und ein Deutsch Drahthaar mit 14 Monaten.
Nach der Demonstration des Tricks war klar, dass höchstens der Pudel überhaupt in der Lage sein würde, die Übung zu erlernen. Bis auf die Cairns wurden alle Hunde an die Übung herangeführt, ohne Hinterfragen der körperlichen Eignung. Nach einer Woche gab es keinen Hund mit auch nur einem minimalen Lernerfolg. Viel mehr als die Fehleinschätzung des Trainers erstaunte und enttäuschte uns die Blindheit der Hundehalter.

Ausbildungsstand

Im zweiten Schritt fragen wir uns: Entspricht der Ausbildungsstand unseres Hundes den Anforderungen des Trainings?

Häufig folgen der freudigen Erwartung auf ein tolles Seminar, einen spannenden Trainingsabend oder beim Verfolgen eines Ausbildungstipps nur Frustration und Enttäuschung. Das hat ja gar nichts gebracht! Warum? Weil wir schlicht und einfach den Bildungsstand unseres Hundes falsch eingeschätzt haben und natürlich deshalb mit völlig falschen Erwartungen an die Sache herangegangen sind.

Tolle Frisbee-Tricks setzen voraus, dass unser Hund die Scheibe überhaupt mal in den Fang nimmt. Wechsel und Kombinationen bei Heelwork to Music setzen Kenntnis der Positionen voraus. Vielleicht müssen wir erst lange daran arbeiten, den Hund dicht ans Bein zu bringen. Treibball ist nicht nur wildes Bälle-Schubsen, sondern auch Impulskontrolle, Warten und Zuhören.

Wenn ein Training zu Hause, im Verein oder im Seminar nicht wie gewünscht endet, müssen wir dringend überprüfen, ob wir selbst alle Bausteine für die Aufgabe parat haben!

Psychische Voraussetzungen

In Schritt drei überdenken wir: Wie sind die psychischen Grundlagen unseres Hundes? Braucht er die Herausforderung? Braucht er hohe Konzentration? Braucht er die enge Nähe zum Menschen? Ist unser Hund in der Lage, in ungewohnten Situationen zu arbeiten, oder braucht er für neue Lernschritte ein ganz ruhiges Umfeld?

Gimli liebt die Seminaratmosphäre und dreht auf. Motiviert bis unter die Haarspitzen gibt er alles, nahezu unermüdlich, sodass Carmen immer genau schauen muss, wann er zu müde ist – auch wenn es nicht so aussieht. Yedi ist in neuen Situationen immer erst verhalten, langsam und ein wenig ratlos. Es ist gut, ihm dann nur ganz einfache Aufgaben zu geben, damit er einige Zeit später frei arbeiten kann. Das liegt weder am Seminarleiter noch an den Teilnehmern. Er benötigt einfach einen behutsamen Einstieg.

Es ist unser Job zu erkennen, was unser Hund jetzt gerade braucht, ob im Training, im Turnier oder in der Gruppenstunde. Auch wenn um uns herum ausnehmend begabte Hunde arbeiten und tolle Dinge gezeigt werden, müssen wir hier so arbeiten, wie es unserem Hund guttut!

Die Tagesform

In Schritt vier beurteilen wir die Tagesform unseres Hundes. Sie bleibt vor allem bei der Arbeit mit dem erwachsenen Hund oft unberücksichtigt.

- Waren wir gestern beim Impfen und ist der Hund noch etwas angeschlagen?
- Ist er noch müde vom Wochenende?
- Hat ihn unser Kind mit Leckerlis abgefüllt?
- Der wievielte Trainingstag der Woche ist es?
- Brennt der Hund nach einem gemütlichen Wochenende aufs Arbeiten oder ist er am Ende eines aufregenden Seminars erschöpft?
- Haben wir gestern lange oder kurze Sequenzen trainiert?
- Sind wir mitten in einer schwierigen Aufgabe oder hat der Hund gerade einen Lernerfolg nach dem anderen?
- Sind wir in der Stadt? Ist er abgelenkt oder liebt er den Trubel?
- Arbeitet er im ruhigen Trainingsraum entspannt oder ist er heute eher hellhörig und unkonzentriert?
- Ist ein neuer Hund in der Gruppe, der Unruhe bringt?
- Spielen die Hormone gerade verrückt?
- Welche Ereignisse im Umfeld des Hundes beeinflussen ihn?
- Wie ist unsere eigene Tagesform und wie viel davon geben wir an den Hund weiter?

 Carmens Riesenschnauzer-Hündin Candy war ein hervorragender, leidenschaftlicher Suchhund. Eines Morgens war die Arbeit desolat. Candy war fahrig, vergewisserte sich an jeder Ecke und stolperte müde durch die Prüfung. Müde? Genau! Am Morgen zuvor war ein neuer Welpe ins Haus gekommen und Candy war, wie Carmen auch, einfach übernächtigt. Dahin war die freudige Spannung der gemeinsamen Sucharbeit!

Mit einer besseren Planung hätte Carmen sich und ihrem Hund diesen Frust ersparen können. Es wäre doch viel schöner für beide gewesen, statt der Prüfung eine einfache Nasenarbeit mit viel Belohnung zu absolvieren. Oder aber den Welpen einfach einen Tag später abzuholen und die Prüfung mit der gleichen Freude zu absolvieren wie das Training.

Gimli, der lange ohne Belohnung arbeiten kann, ist beim öffentlichen Training durch Dosenfußball spielende Kinder irritiert. Gestaltet Carmen die Aufgabe zu 100 Prozent lösbar und lobt häufiger, ist er sehr schnell wieder mit Freude dabei.
Yedi ist nach einer Begegnung mit einem unfreundlichen Zeitgenossen völlig durch den Wind. Dann pfeift Carmen auf den Trainingsplan und die neue hochkomplizierte Aufgabe, sondern trainiert ganz relaxed Heelwork-Positionen und Cavalettis, bis er wieder geerdet ist.

Ein Misserfolg oder gar Rückschritt des Hundes ist immer unser Problem. Ursache dafür ist unsere mangelnde Kompetenz. Denn Kompetenz ist auch die Fähigkeit einen solchen Misserfolg zu vermeiden!

Beurteilen wir doch einfach unserer eigene Trainingsleistung.

Genau wie unsere Hunde sind wir manchmal übermotiviert und gehen zu schnell vor. Oder wir sind müde und wollen uns einen Lernschritt ersparen, wir sind unkonzentriert oder haben uns nicht sorgfältig vorbereitet. Das ist zwar menschlich, aber es darf uns nicht passieren. Denn unser Trainingspartner Hund badet es aus mit Fehlverknüpfungen, Frustration, Unbehagen. Und wir sind von unserem Leitziel Freude so weit weg wie vom Erfolg.

Auch die Kommunikation kann nicht gestimmt haben! Erinnern wir uns: Kommunikation bedeutet auch zu verstehen, wann etwas beim Partner Hund falsch ankommt. Und darauf müssen wir dann sofort reagieren! Regelmäßige Selbstkontrolle ist das A und O. Wir werden vielleicht nicht perfekt sein, aber bald ziemlich nah dran.

Ganz wichtig ist, dass wir dabei nicht nach Schema F bewerten, sondern alle Faktoren berücksichtigen. Wir haben kein Patentrezept zur jeweiligen Situation für Sie. Die Verantwortung für Ihr Training und Ihren Hund liegt in Ihren Händen. Aber wenn Sie eigenverantwortlich den Augenblick richtig deuten und Ihr Training sofort anpassen, werden Sie und Ihr Hund durchgängig Freude und Erfolg haben.

Die Hundetypen

Ein ganz wichtiger Aspekt bei der Gestaltung unseres Trainings ist der Hundetyp, mit dem wir zusammenarbeiten. Wir unterscheiden bewusst nicht nach Rassen, denn über genetische Eigenarten hinaus hat jeder Hund seine ganz speziellen Eigenschaften, die ihn zu einem einzigartigen Trainingspartner machen.

 Wenn wir hier von Schnüffeln, Stehenbleiben oder Bewegungen sowie Verlangsamen sprechen, nehmen wir Ersatzhandlungen aus Stress und Unsicherheit ausdrücklich aus.

Der unermüdlich aktive Hund

Was verstehen wir unter diesem Hundetyp? Dieser Hund ist bereit, für sein Spielzeug oder seinen Ball einfach alles zu tun.

Der unermüdlich aktive Hund ist der Traum vieler Menschen: immer wach, immer bereit. Er ist wunderbar zu motivieren und in vielen Kursen werden wir glühend um ihn beneidet. Super, diese Hunde tun alles, solange sie am Ende dafür ihren Frisbee, ihren Ball oder ihr Zergel bekommen. Liebevoll werden sie Balljunkies genannt und ihre Bereitschaft zur Arbeit scheint grenzenlos.

Mit so einem Hund sind wir immer vorne mit dabei!

Aber ganz so einfach ist das nicht.

Beobachten wir unseren Hund. Er bekommt große Pupillen, sobald er seinen Ball sieht? Wie ein Junkie, der seine Droge wittert, ist er in höchste Aufregung versetzt? Er ist aufgedreht, sein Adrenalin steigt und er ist hektisch? Er bewegt sich schnell, die Körperspannung steigt enorm und sobald er ein Kommando erhält, explodiert er?

Genau: Unser Hund ist auf Drogen! Statt freudiger Aufmerksamkeit sehen wir in seinem Gesicht eine einzige Frage: „Wie komm' ich an den Stoff?"

Ist das die Stimmung, die wir im Training haben wollen? Fünf Minuten Obedience oder Dogdance werden wild abgespult, um am Ende endlich den ersehnten Ball zu bekommen?

Oder möchten wir, dass ihn die Aufgaben mit Freude erfüllen? Woran erkennen wir, ob er wirklich Freude an der Arbeit selbst hat oder ob sein Arbeitseifer nicht einzig und allein dem Trieb geschuldet ist. Dieser Aspekt in der Ausbildung stellt hohe Ansprüche an uns Menschen.

Der unermüdlich aktive Hund verzeiht uns viele Fehler. Unermüdlich arbeitet er, weil am Ende die Belohnung wartet. Wie lange ist das allein ausreichend, um erfolgreich im Sport laufen zu können? Und wie gut wäre er erst, wenn wir behutsam die Waage hielten?

Sein scheinbar immerwährender Arbeitseifer verführt uns manchmal zu langen Trainingszeiten. Oft ist sind wir dabei nicht besonders abwechslungsreich. Er läuft ja, der Motor unseres

Wunschhundes. Wie vermeiden wir die Ausbeutung? Wie verhindern wir, dass der Tank leer wird? Jeder, der schon einmal einen unermüdlich aktiven Hund ausgebildet hat, weiß, wie schnell wir in den Sog des „schneller – höher – weiter" geraten.

Und wir kennen doch auch die Gratwanderung zwischen Arbeitsfreude und Übermotivation, Impulskontrolle und Frustration, Leistungssteigerung und Übertrainiertheit.

Beobachten wir unser Training mal kritisch: Arbeitet unser Hund nur für den Ball oder wird er, nachdem er freudig und aufmerksam mit uns gearbeitet hat, mit einem Spielchen belohnt? Müssen wir, um den Hund zum Arbeiten zu bringen, erst einen „Triebstau" erzeugen? Erst die „Arbeit", dann das Vergnügen? Warum kann nicht die Arbeit das Vergnügen sein?

Wir möchten Sie keineswegs davon abbringen, mit ihrem Hund zur Belohnung für eine Leistung zu spielen. Aber wir möchten, dass Sie Motivation durch lustbetonte Handlungen so dosieren, dass Ihr Hund dabei noch denken kann, und dass Sie auch beim unermüdlich aktiven Workaholic erkennen, wann der Kopf voll ist und der Körper müde.

Gerade mit solchen Hunden zu arbeiten erscheint auf den ersten Blick sehr, sehr einfach. Er hat ja vermeintlich immer Lust. Doch auch wenn ein Hund nach 20 Fehlversuchen hoch erregt weiterarbeitet, ist das Training falsch! Selbst wenn unser Hund dem Anschein nach unsere Unfähigkeit gut kompensiert, so ein Training hat er nicht verdient. Auch der arbeitsfreudige, nimmermüde Hund hat ein Recht auf durchdachtes Training und klare Strukturen. Und wie frustrierend ist es, einen ehemals erfolgreichen Hund nur noch matt und lustlos oder hektisch und ohne Kontrolle arbeiten zu sehen? Und was sagt das über uns aus? Machen wir es besser!

 Floyd ist ein Border Collie, der bereits in sehr jungen Jahren durch extremen Arbeitseifer bestach. Floyd konnte auch am Turnier nahezu nonstop arbeiten. Drei bis vier Starts auf sehr hohem technischem Niveau waren keine Seltenheit. Die Zeit dazwischen wurde mit Training „überbrückt". Beim letzten Start zitterten seine Flanken vor Erschöpfung. Mit weit aufgerissenem Fang erfüllte er dennoch alle Aufgaben, und zwar richtig gut!
Sein Spielzeug setzte ihn in extreme Trieblage. In seiner Gier danach ging er weit über seine körperlichen und geistigen Grenzen hinaus. Wilde Zerrspiele waren die Belohnung. Bekam er das Spielzeug, fiel er in sich zusammen und hackte ohne Versuch der Interaktion mit seinem Menschen darauf herum. Eine strahlende Laufbahn lag vor ihm – und heute? Er hat einen hohen technischen Level erreicht, aber er ist am Start unkonzentriert, macht Fehler über Fehler. Er arbeitet hektisch und bellt viel. Sein Mensch ist fassungslos: „Er will einfach nicht mehr für mich arbeiten!"

Carmens Schäferhund Hucky war im Training äußerst erregt und aktiv, hatte aber große Mühe, sich länger zu konzentrieren. Er zeigte auch im Alltag heftige Reaktionen und ein starkes Temperament. Carmen stellte die ständige Arbeit in hohem Trieb infrage, da Hucky körperlich oft so angespannt war, dass er zu keinem natürlichen Bewegungsablauf fähig war. Vor allem aber vermisste sie die Freude an der gemeinsamen Arbeit bei ihm. Carmen bleibt aus dieser sehr schwierigen Ausbildungsphase der Satz eines Trainers im Kopf: „Wenn der mal Deutscher Meister ist, kommt der Spaß von allein." Den Einwand, dass der Hund vielleicht einmal im Leben Deutscher Meister, aber doch täglich trainiert wird, wurde mit einem mitleidigen Lächeln quittiert. Hucky wurde übrigens niemals Deutscher Meister, aber nachdem Carmen sich von dieser Art der Ausbildung abwandte und ihrer eigenen Intuition vertraute, gewann Huckys Training und auch sein Alltag enorm an Qualität.

Verfolgen wir also genau die Entwicklung unseres Hundes. Wenn wir einen unermüdlich aktiven Hund haben, müssen wir fair zu ihm sein, indem wir ihn nicht zu einem hirnlosen Junkie machen, dessen einziges Bestreben es ist, hinter einer Scheibe her zu rasen, bis ihm die Luft ausbleibt.

Trainingstipps:

Orientieren wir uns an den Freudenweg-Leitzielen Freude, Kommunikation und Erfolg. Wenn wir den erregt und angespannt vor uns stehenden Hund mal unreflektiert als freudig bezeichnen wollen, kommen wir spätestens schon beim Freudenweg-Leitziel Kommunikation ins Stolpern. Kommuniziert der Hund wirklich mit uns oder starrt er uns an, weil er seinen Ball möchte? Und kann unser Hund erfolgreich seine Aufgabe erfüllen? Wenn ja, dann schnell nochmal den Sprung zurück zum Leitziel Freude. Ist der Hund, den wir gerade ganz oberflächlich als freudig bezeichnet haben, auch mit Freude bei der Arbeit? Macht ihm unsere gemeinsame Aufgabe wirklich Spaß? Oder wirkt er weiterhin angespannt und spult sie nur herunter, um endlich an sein Spielzeug zu gelangen? Sorgen wir dafür, dass unser Hund sich entspannen kann. Der Erregungslevel soll während des Trainings nicht ins Unendliche steigen und muss nach dem Training wieder auf ein normales Maß reduziert werden. So vermeiden wir Dauerstress und psychische und physische Überbelastung. Wichtiges Ziel ist, dass der unermüdlich aktive Hund in hoher Reizlage noch zuhören, denken und ein beliebiges Kommando ausführen kann. Dazu sind viele kleine Schritte erforderlich. Unter Umständen ist es sinnvoll, die Reizlage anfangs niedriger zu halten.

 Agnes Gehirn war von dem Anblick eines Frisbees völlig ausgefüllt. Sie wollte zwar arbeiten, um an diese wunderbare Scheibe zu kommen, aber sie schaffte es einfach nicht. Ein weiterer Gedanke hatte keinen Platz mehr. Ein Ball führte zwar auch zur Erregung, aber deutlich weniger, er war also als Belohnung besser geeignet. Nachdem Agnes mit diesem Reiz umgehen konnte, steigerte Barbara langsam, sodass Agnes heute auch mit einem Frisbee als Belohnung arbeiten kann, ohne ihr Gehirn völlig auszuschalten. Sie hat es in kleinsten Schritten gelernt.

Yedi ist ein begeisterter Treibball-Schüler. Die notwendigen Positions- und Richtungswechsel lernte er schnell und er verharrte wirklich so lange, bis er die Erlaubnis zum Treiben bekam. Von Anfang an lernte er, dass ein Ball nicht gleich Treiben bedeutet. Er befolgte mustergültig alle Signale. Mit fortschreitendem Training änderte sich das. Je näher er am Ball war, desto mehr steigerte sich seine Erregung und der Kopf war blockiert. Er spulte ein wildes Programm ab, um endlich, endlich den Ball treiben zu dürfen. Target-Training auf Distanz zum Ball brachte sofort Entspannung. Und ganz langsam, in kleinsten Schritten, durfte sich Yedi wieder annähern. Heute wartet er wieder absolut ruhig und dennoch gespannt, bis er das Signal zum Treiben bekommt. Ein toller Fortschritt, nicht nur im Treibball, sondern auch bei den Leitzielen Freude, Kommunikation und Erfolg.

Natürlich ist es toll wenn man einen Hund besitzt, den man schnell so stark motivieren kann. Der unermüdlich aktive Hund findet Erfüllung schon in der Handlung, die ihn befriedigt. Aber oft wird im Alltag dadurch die vielseitige Entwicklung erschwert. Wie schade ist es doch, wenn unser Hund nur auf diese einzige Weise glücklich sein kann! Geben wir ihm mehr!

Wir können die Veranlagung unserer Hunde nicht ändern, aber wir können mit einem Ausgleichssport einen gesunden Gegenpol setzen. Ein aufgeregter Workaholic wird durch Gangwerktraining, Balance- und Bodenarbeit nicht nur geerdet, wir können auch Rituale daraus entwickeln, die seinen Erregungslevel nach dem Training senken.

Mit Konzentrationsübungen wie zum Beispiel Geruchsvergleich lernt er, mit Ruhe zu arbeiten, den richtigen Duft herauszufiltern, und zwar mit einem niedrigen Erregungslevel.

Bei richtigem Training im Longieren lernt er zuzuhören, auch in ruhigem Tempo exakt zu arbeiten sowie Gangart und Richtung zu wechseln.

Balance-Übungen auf dem Wackelbrett und der Physio-Rolle helfen ihm, seinen Körper ruhig zu kontrollieren. Es gibt mittlerweile ein großes Angebot an Koordinationsübungen, die ihm ruhiges und konzentriertes Arbeiten abverlangen. Auspowern darf er sich dann wieder im Parcours. Ganz wichtig ist auch der Alltagsgehorsam, eine klare Kommunikation und souveräne Führung außerhalb des Trainings. Legen wir Wert auf entspannte Spaziergänge, abliegen, warten können und Ruhe bewahren unter Ablenkung. Dann arbeitet unser Hund mit freudiger Erwartung statt mit Hochspannung.

Einen unermüdlich aktiven Hund in absoluter Reizlage auszubilden ist mit Sicherheit genauso anspruchsvoll, wie einen ängstlichen Hund durch eine schwere Situation zu bringen oder einen gemütlichen Hund zu längerem Arbeiten zu bewegen.
Aber es ist auch eine wunderbare Herausforderung, die unsere Arbeit und unser Leben mit dem Hund sehr bereichern kann. Und durch die Beachtung der Freudenweg-Leitziele finden wir eine einfache und klare Beurteilung unserer Arbeit.

Der Will-to-please-Hund

Was verstehen wir unter diesem Hundetyp? Dieser Hund möchte alles tun, um uns zu gefallen. Unsere Zustimmung ist sein größtes Glück. Auch er ist ein Wunschhund – ein Hund, der gern mit uns Menschen zusammen arbeitet und sich auf uns einstellt. Wie ein kleiner Asteroid kreist er in unserer Umlaufbahn, eifrig bemüht, unsere Wünsche herauszufinden und uns zu gefallen. Unermüdlich fragt er, was er denn für uns tun kann.

Aber das Training mit ihm ist nur auf dem ersten Blick leicht. Sehr schnell merken wir: Es ist eine wirkliche Herausforderung für uns. Unsere Anerkennung ist sein Höchstes. Futter oder andere Belohnung ist dabei oft nebensächlich. Bei aller Freude über seinen Arbeitseifer müssen wir im Blick behalten, ob unser Training noch angemessen ist. Nur weil unser Hund lächelnd und eifrig alles mitmacht, muss es ihm nicht guttun. Ähnlich wie der triebstarke Hund geht er oft über seine Grenzen hinaus und hier ist unsere Verantwortung gefragt. Sein ständiger Standby-Modus kostet Energie. Wir müssen ihm also unbedingt klar mitteilen, wann wir arbeiten wollen und wann er Pause hat.

Mancher Will-to-please-Hund gleicht einem ungeduldigen Grundschüler. „Ich weiß was," scheint er ständig zu rufen. Er hat die Antwort oft parat, bevor die Frage ausgesprochen ist. Er nimmt Übungen vorweg, bietet ungefragt Verhaltensweisen an und stellt uns vor die Aufgabe, absolut klar und deutlich zu artikulieren, was wir tun möchten. Wenn wir ihm etwas Neues beibringen möchten, kann es durchaus sein, dass er erst mal alles zeigt, was er auf diesem Gebiet schon kann! Das kann für uns anstrengend sein und eine Prüfung für unsere Geduld und dennoch begeistert uns seine Hingabe, denn er ist unermüdlich so bemüht!

 Bob, ein junger polnischer Niederungshütehund, begeisterte seine Besitzer schon als Welpe durch seine schnelle Auffassungsgabe und seine ständige Einsatzbereitschaft. Allerdings wurde bei seiner Ausbildung leider weder auf Signalkontrolle noch auf Pausen oder ein Einsatzsignal geachtet. Die Warnungen des Trainers verpufften, während Bob mit Beifall heischendem Blick auf Aufgaben wartete. Sehr bald war es aber nicht mehr möglich, neue Dinge mit Bob zu erarbeiten. Er glaubte, in Sekunden zu erkennen, was er tun sollte, und legte los. Die Halterin reagierte in keinem erkennbaren System. Entweder klickte sie die Handlung, weil sie ja „auch richtig" war, oder sie fragte eben mehrfach ab, bis das Gewünschte kam, und das wurde ebenfalls geklickt, meist mit dem Zusatz: „Na also, du kannst es doch!" Zusätzlich begann man mit Freeshaping. Selbst beim Spaziergang war der Klicker immer dabei, sodass Bob bald nur noch äußerst aufmerksam und angespannt nebenher lief. Hinzu kam, dass beide Partner mit dem Hund arbeiteten – zwar jeder in einer eigenen Sparte, aber beide mit der gleichen „Methode". Sie waren fest überzeugt, dass sie absolut positiv ausbildeten, schließlich arbeiteten sie ja mit Clicker. Und ihr Hund sprang ja immer aufmerksam um sie herum und wollte arbeiten. Warum plötzlich gar nichts mehr klappte und Bob immer nervöser wurde, war ihnen ein Rätsel. Auf Bob und seine Menschen werden wir in den Trainingsmethoden später nochmals eingehen.

Micky, ein 15 Monate alter eifriger Sheltie-Mix, lebt in einer Familie mit sechs Kindern im Alter von zwei bis neun Jahren. Die Kinder lieben ihn und die Mutter empfindet es als Entlastung, dass Micky sich „kümmert". Im Haus begleitet er ständig ein bis mehrere Kinder von A nach B, liegt neben dem Sandkasten oder unter dem Babybett. Er ist ganz in seinem Element. Der Familienspaziergang allerdings ist eine absolute Herausforderung. Micky ist im Dauereinsatz. Er rast von vorne nach hinten und versucht, seine Truppe zusammenzuhalten. Die Mutter hebt das Jüngste auf, als es hinfällt, ermahnt die Großen, auf Passanten zu achten, ruft die zwei aus dem Weinberg zurück und versucht zusätzlich, den jungen Hund zu kontrollieren, der sie so eifrig unterstützt und dabei Spaziergänger streift, den Weg von Radfahrern kreuzt und den Unmut der Anwohner weckt, weil er durch Gärten abkürzt, um seine Kinder einzusammeln. Dazwischen ruft sie immer wieder den Hund ab, der aber so auf seine Aufgabe konzentriert ist, dass er nicht gehorcht.

Da läuft viel schief. Der Hund deutet das Verhalten der Mutter richtig, die Kinder sind nicht unter Kontrolle. Er wird gebraucht! Und stürzt sich in die Arbeit. Die Rückrufversuche der Mutter nimmt er nicht wahr, weil er im Alltagsgehorsam nicht gelernt hat, dass der Rückruf über seiner selbst gewählten Aufgabe steht. Eine Entspannungssituation entsteht für diesen fleißigen Helfer in diesem Haushalt nicht. Er schläft nur, wenn er völlig erschöpft ist. Seine Menschen sind erstaunt und betroffen, als sie die Gründe für Mickys „Ungehorsam" erfahren.

> **Will-to-please beim Schutzhund: Carmens Schäferhund Hank war schon mit vier Monaten immer auf der Suche nach einem Job.** Er beobachtete seine Menschen genau und fand schnell heraus, was ihnen am Herzen lag. Wenn sich während eines gemeinsamen Spaziergangs Rudelchefin Candy zu lange rufen ließ, rannte der kleine Hank los und versuchte, sie zur Gruppe zu scheuchen. Sprang ein wilder Junghund in der Hundeschule an einem Menschen hoch, splittete er sofort, denn Hochspringen war doch streng verboten! Was Carmen anfangs noch amüsierte, wurde schnell zum Problem. Hank entschied, dass auch Händeschütteln absolut verdächtig war und er die Menschen voneinander fernhalten müsse. Hier traf Will-to-please auf Schutztrieb. Dazu kam noch der unfertige Alltagsgehorsam des jungen Hundes. Und dabei meinte es Hank ja nur gut!

Beim Will-to-please-Hund lauern die Fallen genau da, wo seine unbestrittenen Vorzüge liegen. Er ist wie ein guter Freund – immer da, wenn man ihn braucht, und er nimmt so leicht nichts krumm. Aber auch wenn dieser Hund uns freundlich unsere Fehler, die zu langen Trainingseinheiten, das schlechte Timing, das fehlende Feedback und die unklare Signalgebung verzeiht und einfach unermüdlich weiter versucht, es uns recht zu machen – er hat eine gute Kommunikation verdient! Unklare Signale versetzen ihn in große emotionale Verwirrung. „Oh nein! Ich hab's nicht kapiert!" Also muss er sich anstrengen, alles noch besser zu machen! Es ist absolut unfair, ihm als Gegenleistung für sein Will-to-please ein mieses Training zu liefern. Vielleicht arbeitet unser Will-to-please-Hund auch bei einem schlechten Training mit vollem Einsatz. Aber wie viel Frustration beschert ihm unser Verhalten? Wie weit entfernt sind wir von unseren Leitzielen Freude, Kommunikation und Erfolg? Welche Freude hätte dieser Hund im gemeinsamen Miteinander, wenn wir ihn so anleiten würden, dass er seine Aufgabe schaffen kann und er unsere Begeisterung darüber spürt? Mit wie viel Erfolg würde dieser Hund erst arbeiten, wenn wir ihn gut trainieren würden?

Trainingstipps:

Wir orientieren uns an den Freudenweg-Leitzielen. Das Leitziel Kommunikation ist für unseren Hund ein Leichtes. Er versucht ja immer herauszufinden, was wir möchten. Wie weit er damit Erfolg hat, sprich, uns auch versteht, ist eine andere Frage. Genau wie jeder andere Hundetyp braucht aber auch der Will-to-please-Hund seinen Erfolg, um Freude an seinem Tun zu empfinden.

Auch im Alltag sind klare Kommunikation und schnelle Reaktion bei Missverständnissen notwendig. Allein der Wille, uns zu verstehen und sich auf unsere Bedürfnisse einzustellen, garantiert nicht, dass der Hund unser Verhalten richtig interpretiert. Der Will-to-please-Hund lernt sehr schnell, aber nicht immer das, was wir ihm beibringen wollten.

Üben wir vom ersten Tag an eine exakte Selbstreflexion. Gestalten wir unser eigenes Verhalten klar und eindeutig. Der Will-to-please eines Hütehundes ist ebenso in geeignete Bahnen zu lenken wie der eines Retrievers oder eines Wachhundes. Alle wollen es ihrem Menschen recht machen, aber in sehr unterschiedlichen Einsatzbereichen. Das ist ein wichtiger Punkt, den wir unbedingt beachten müssen!

Stecken wir die Kompetenzen klar ab, damit der Hund nicht ungewollt unsere Aufgabe übernimmt. Verordnen wir Pausenzeiten statt Dauereinsatz. Auch wenn er sich den Wahlspruch „ich helfe gern" auf seine Fahnen geschrieben hat, nehmen wir das nicht einfach so an. Wir geben klar und eindeutig eine Rückmeldung, wann wir ihn brauchen und wann er sich auch wieder zurücknehmen kann.

Gestalten wir das Training besonders abwechslungsreich, damit er nicht im Eifer Dinge vorwegnimmt, sondern lernt abzuwarten und zuzuhören. Einen wichtigen Teil der Ausbildung eines Will-to-please-Hundes nehmen Konzentrationsübungen ein. Sie helfen ihm, eine Fokussierung aufzubauen und sich zu sammeln. Nach und nach lernt er, sich nach unseren Hinweisen zu richten, und zeigt das, was wir sehen wollen, und nicht alles, was ihm gerade einfällt. Suchen wir uns doch stattdessen einen Ausgleichssport, der dem Will-to-please-Hund einfach nur Freude macht und wo er sich ausleben kann, ohne zu schauen, ob es uns auch gefällt, was er gerade tut.

 Micky macht heute Treibball. Er hütet Bälle statt Kinder und findet es super! Ausleben ohne Stress und Ärger, ohne falsch verstandene Signale! Und da er nun mal so gern mit den Kindern arbeitet, machen alle zusammen beim Spaziergang Hindernistraining, klettern, kriechen, springen, warten, abrufen und abliegen. Er platzt fast vor Stolz und ist in jeder Situation sehr gut lenkbar.

Die jetzt folgenden Hundetypen zeigen uns sehr deutlich, ob sie Freude empfinden oder nicht. Sie fordern von uns zwar mehr Kreativität beim Training, aber es ist einfacher, mit ihnen den Freudenweg-Leitzielen zu folgen.

Der Hund mit anderen Interessen

Was verstehen wir unter diesem Hundetyp? Hier finden wir alle Hunde, die einen Jagd-, Schutz- und Hütetrieb besitzen. Es sind Hunde, für die ein spannender Geruch die Welt bedeutet, ein Bad im Fluss der Himmel auf Erden ist, die bei einem abenteuerlichen Spaziergang alles bekommen, was sie sich wünschen. Ihr Training ist für sie ein netter Zeitvertreib, hat aber niemals diesen Stellenwert.

Der Hund mit anderen Interessen arbeitet immer mal gern mit uns. Aber er hat auch oft etwas anderes vor. Die Welt ist so voll von Dingen, die ihm auch wichtig sind. Beim Mantrailen betrachtet er höchstinteressiert ballspielende Kinder am Weg. Die Targets beim Tricktraining muss er erst mal ganz genau abscannen. Wer hat denn die vorher gehabt? Zwischen zwei Sprüngen mal kurz abzwitschern und eine Runde über den Platz drehen, wenn wir schon so schön im Rennen sind. Bevor er sich uns im Dogdance-Ring zuwendet, schnüffelt er ausgiebig den Boden nach den interessanten Gerüchen ab. Oh, wir hören sie schon, die kritischen Stimmen. „Kein Gehorsam! Keine saubere Grundausbildung! Der nimmt uns nicht ernst! Da muss trainiert werden!" Im Gruppentraining ernten Besitzer dieser Hunde mitleidiges Lächeln. „Will er mal wieder nicht?" Genau, er will nicht! Es gibt Dinge die ihm einfach wichtiger sind.

 Lisa, eine mittelgroße Hündin, blieb nie lange bei einer Sache. Sie hatte eine solide Grundausbildung, aber auch sehr wenig Interesse daran, mit ihrem Menschen zu arbeiten. Die beiden trainierten seit der Welpenzeit in einer festen Gruppe. Ziel war die Begleithundprüfung und genau diese Aufgaben wurden immer geübt. Lisa war gedanklich schon auf Abwegen, wenn sie zum Hundeplatz kam: „Mal sehen, was sich heute so ergibt ..." Und es ergab sich immer etwas! Mal drehte sie begeistert eine Ehrenrunde beim Abrufen, mal schnüffelte sie sich beim Abliegen so intensiv fest, dass sie den Rückruf überhörte. Alles war für sie spannender als die Aufgaben, die sie dort lernen sollte.

Nach der „Diagnose" plante Lisas Besitzerin um. Sie besuchte das Training zu ganz unregelmäßigen Zeiten, mal für eine halbe Stunde, mal nur für 10 Minuten, in immer wechselnden Gruppen und vor allem mit ständig wechselnden Aufgaben. Auch zu Hause gestaltete sie das Training kunterbunt. Lisa wusste nie, was die nächste Lektion beinhaltete. Sie war etwas verwirrt, aber auch erwartungsvoll. Sie wurde immer motivierter. Die beiden bestanden die Begleithundprüfung und Lisa macht heute Turnierhundsport. Ihre Besitzerin gewann nicht nur die Aufmerksamkeit ihres Hundes, sondern sie durfte mit Lisa eine Erfahrung machen, die ihre Arbeit mit einem späteren Hund sehr positiv beeinflussen wird.

Trainingstipps:

Wir müssen uns klarmachen, dass unser gemeinsames Training für unseren Hund immer die zweite Wahl ist. Eigentlich würde er etwas anderes viel lieber tun. Orientieren wir uns an den Freudenweg-Leitzielen, ist es ganz einfach. Schon das Leitziel Freude gibt uns die erste Aufgabe vor. Wir suchen Ideen, um unser Training so zu gestalten, dass auch der Hund, der viel lieber den Rasen am Hundeplatz Zentimeter für Zentimeter untersuchen würde, Spaß an der gemeinsamen Aufgabe hat und motiviert bei der Sache ist.

Das Leitziel Kommunikation erinnert uns daran, wie wichtig es ist, zu jedem Zeitpunkt des Trainings die Verbindung zu unserem Hund zu halten. Und wenn wir das beachten und uns bewusst ist, an welchen Stellen es schwierig werden kann, wird uns etwas einfallen, wie wir das auch schaffen können.

Das Leitziel Erfolg macht uns deutlich, unsere Trainingseinheiten ebenso aufzubauen, dass unser Hund in seinen Aufgaben erfolgreich sein kann, und zwar trotz seiner anderen Interessen. Unsere Kreativität ist bei diesem Hundetyp sehr gefragt, aber es macht sehr viel Spaß neue, eigene Wege zu gehen – und es funktioniert!

Beim Training müssen wir emanzipiert handeln! Zugegeben, es ist eine Gratwanderung, eine Aufgabe im Gruppentraining individuell zu gestalten und dennoch den Ablauf des Trainings nicht zu stören. Den vom Trainer vorgegebenen Weg zu verlassen, einen individuellen Umweg mit dem Hund zu machen, damit er weiterhin mit Spaß bei der Sache ist. Wenn der Trainer irritiert ist, erklären wir ihm, warum wir gerade so und nicht anders handeln. Wenn der Kurs dabei gestört wird, trainieren wir eben eine Weile einzeln.

Damit während des Trainings die Kommunikation zum Hund nicht abreißt, geben Sie ihm ein „Warte"-Signal oder bringen Sie ihn in seine „Pause", bevor Sie ein Gespräch mit dem Trainer oder einem Kursteilnehmer beginnen.

Wenn unser Hund also andere Interessen hat, ist das keineswegs immer ein Gehorsams- oder Bindungsproblem. Er ist vielleicht einfach nicht der Typ, der ständig um seine Menschen herumwuselt und arbeiten will, sei es rasse- oder charakterbedingt. Das bedeutet aber nicht, dass dieser Hund für unseren Sport ungeeignet ist. Er braucht einfach ein anderes Training. Kurze Einheiten, hohe Erfolgsquote und vor allem Abwechslung! Weniger ist mehr.

Er darf ruhig mit langem Gesicht „schade" denken, wenn die Trainingseinheit vorbei ist. Für diesen Hund sind Überraschungen im Training wichtig. Seien wir also kreativ und bauen immer mal etwas ganz Unverhofftes ein.

Geht er mit uns aufmerksam zum Parcours? Dann belohnen wir doch das! Und zwar vor dem ersten Sprung. Fußarbeit ist ihm schnell langweilig? Dann gestalten wir sie doch abwechslungsreicher. Es muss nicht immer die bessere Belohnung sein, die diesen Hund bei der Stange hält. Es darf auch einfach eine ganz besonders abwechslungsreich und unterhaltsam gestaltete Trainingseinheit sein. Solche Hunde finden es sehr spannend, auf mehreren Baustellen gleichzeitig zu arbeiten. Warum also nicht Treibball mit Obedience koppeln oder Agility mit einem Versteckspiel hinter der A Wand?

Der gemütliche Hund

Was verstehen wir unter diesem Hundetyp? Der gemütliche Hund kann zufrieden stundenlang auf der Couch liegen. Er liebt uns und sein Zuhause. Für sein Glück braucht er keine „sinnvolle" Beschäftigung. Ein Spaziergang reicht ihm völlig.

Der gemütliche Hund ist keineswegs ein fauler Kerl. Er ist ruhig und sieht einfach nicht die Notwendigkeit, seine Aufgabe schneller und mit mehr Schwung auszuführen. Im Alltag ist er angenehm, denn er geht ohne Hast durchs Leben. Es ist ein hartes Stück Arbeit, die Begeisterung eines gemütlichen Hundes zu fördern und seiner Leistung Tempo und Fluss hinzuzufügen.

Oft machen diese Hunde gar nichts falsch. Es sieht eben nur so „gemütlich" aus.

Diesen Hund zu überfordern, ist fast eine Kunst. Er tut höchstselten mehr als nötig. Bei Fuß geht er mit gemessenem Schritt, das Apportel bringt er – immer mit der Ruhe – und wenn das Training vorbei ist, legt er sich ganz gemütlich wieder hin. Er ist auf keinen Fall mit Feuereifer dabei. Motivation? Ja, wie denn?

 Barbaras Elissa ist ein sehr gemütlicher Hund. Auch wenn sie immer versucht hat, ihre Aufgaben richtig zu erfüllen, war doch ihr Tempo dabei ein Albtraum. Selbst im Agility schleppte sich Elissa in quälend langsamer Geschwindigkeit Sprung für Sprung durch den Parcours. Ganz anders aber beim gemeinsamen Abenteuerspaziergang mit ihren Freundinnen. Hier war von Elissas Gemütlichkeit nichts mehr zu sehen. Fröhlich bellend rannte sie an der Spitze des Rudels und erkundete, glücklich und ganz in ihrem Element, die Natur.

Elissa bekam die Zeit, die sie für ihre persönliche Entwicklung benötigte. Agility wurde lange gestrichen, auch das weitere Training stark reduziert. Barbara legte zunächst ihren Fokus auf Elissas Leidenschaft und Temperament bei den Spaziergängen und steigerte dann, in vielen kleinen, abwechslungsreichen Schritten, Elissas Spielfreude.

Heute ist Elissa im Agility noch immer keine Rakete, aber ihr ist die Freude an diesem Sport deutlich anzusehen. Im Dogdance allerdings zeigt sie ihr Bewegungstalent mit größter Begeisterung. Barbara und Elissa haben ihren Sport gefunden. Und Elissa hat die Zeit und die notwendige Unterstützung bekommen, ihr Talent zu entwickeln.

Trainingstipps:

Orientieren wir uns an den Freudenweg-Leitzielen. Empfindet unser Hund wirklich Freude an seinem Tun, sieht er plötzlich gar nicht mehr so gemütlich aus. Wenn er mit Erfolg seine Aufgaben bewältigt, das heißt bei ihm auch in dem passenden Tempo, wissen wir, unser Training war richtig aufgebaut. Bei einer guten Kommunikation mit ihm sehen wir sofort, wann er wieder seinen „Couchblick" bekommt und können reagieren.

Vielleicht ist er unser Hund für die Triebarbeit! Ihn könnten wir mit einem Ball oder Frisbee motivieren, flüssiger und temperamentvoller zu arbeiten, ohne Gefahr zu laufen, einen Junkie aus ihm zu machen. Vielleicht braucht er winzige Einheiten, verteilt über den ganzen Tag. Vielleicht empfindet er Freude beim Spielen, Schnüffeln oder Rennen. Dann bauen wir das doch in seine Ausbildung ein.

Hier ist unser Unterhaltungstalent gefragt. Um ihn im Fluss zu halten, müssen wir ein wenig mehr tun, als nur zu belohnen. Jubel und Freudenausbrüche dürfen es schon sein.

Finden wir heraus, was in diesem Hund die Spannung weckt, was seine Reaktionen beschleunigt und ihm diesen aufmerksam freudigen Gesichtsausdruck entlockt! Dann haben wir einen Magneten, der ihn zieht. Mit der Präzision eines Uhrwerks kann er unser Training absolvieren. Seine Gemütlichkeit hat einen großen Vorteil: Er kommt nicht in Situationen, die ihm Zuhören unmöglich machen.

Routine ist sein Tranquilizer! Unser Training muss abwechslungsreich sein wie nie – Spannung pur. Denken wir über Wertigkeiten nach. Eine erfüllte Aufgabe ist gut, eine schnell oder angeregt erfüllte Aufgabe ist wunderbar!

Wir sprechen aus eigener Erfahrung: Ein gemütlicher Hund, dessen Interesse über die richtige Motivation geweckt wurde, wird zu einem begeisterten Arbeiter. Einen langsamen Hund freudig durch ein Turnier zu führen, erfordert viel Können und Kreativität! Die Arbeit mit ihm ist ein Gewinn für unsere Kompetenz!

Der ängstliche Hund

Was verstehen wir unter diesem Hundetyp? Dieser Hund hat Angst. Vor allem und jedem oder nur vor fremden Menschen oder Hunden, einer neuen Umgebung, Lärm, vielen Menschen, neuen Geräuschen, Verkehr. Diese Liste lässt sich unendlich weiterführen. Dieser Hundetyp benötigt mehr Zeit und Geduld bei seiner Ausbildung als alle anderen Typen. In seinem gewohnten Umfeld lernt er womöglich schnell und freudig, aber wehe, es verändert sich etwas. Stimmen vor dem Trainingsraum, einer der Treibbälle macht sich ungeplant selbstständig, der Wind scheucht die Büsche am Übungsplatz durcheinander – und aus ist es. Nichts geht mehr.

Der Stempel sitzt: Ungeeignet für den Hundesport! Aber das stimmt nicht. Auch ein sehr ängstlicher Hund kann mit geduldigem, einfühlsamem Training ein Hund werden, der gelernt hat, dass er sich gemeinsam mit uns vor nichts fürchten muss. Die Arbeit mit ihm ist eine absolute Bereicherung! Es ist für unsere persönliche Entwicklung superwichtig, einen solchen Hund ausbilden zu können.

 Lana, ein Tierschutzhund aus dem Süden, hatte die Angst mit der Muttermilch aufgenommen. Sie hatte vor allem und jedem Angst. Selbst die Besitzer lernten schnell, hastige Bewegungen und Berührungen zu vermeiden. Lanas Alltagsgehorsam war nach einem Jahr wirklich gut. Sie hatte erkannt, dass ihre Menschen nichts Unmögliches von ihr verlangten, und war zu Hause recht sicher geworden. Mit Hunden kam sie gut klar. Sie war höflich und freundlich.

Ein Trickkurs bei Carmen wurde ihre große Herausforderung. Die anderen Teilnehmer waren gut ausgewählt, zwei nette Damen mit zwei jungen, unbefangenen Hunden. Der schwierige Teil: Das Seminar war eben nicht bei Lana zu Hause, sondern im Trainingsraum der Hundeschule. Es wimmelte vor Gefahren: Bodentargets, Pylonen, Targetsticks – eine schwere Prüfung!

Allerdings begegneten die beiden Kursteilnehmer Lana und ihrer Besitzerin mit großem Wohlwolle, und es war, als nehme Lana das wahr. Sie arbeitete sich zaghaft von einer Übung zur anderen und gewann mit jedem Schritt mehr Sicherheit. Sie staunte selbst, was sie alles meisterte. Nur der Wunschtrick ihrer Besitzerin war absolut unmöglich: die Rolle. Stellen wir uns das einmal vor. Wir sind unsicher in einer fremden Umgebung. Zwar sind alle freundlich zu uns, aber man weiß ja nie. Dann wird von uns erwartet, dass wir uns – im Beisein anderer – auf die Seite legen! Und dann auch noch um uns selbst drehen. Wir haben in diesem Augenblick keine Kontrolle darüber, was um uns herum passiert. Das geht nicht!

Genauso erklärte es Carmen Lanas Besitzerin und diese dachte lange nach. Sie fragte nach den kleinstmöglichen Schritten für die Rolle, wie sie sie trainieren könne und wie lange das wohl dauern werde. Ein Jahr? Oder zwei? Oder niemals? Gut, sie wollte es versuchen und übte mit Lana, geduldig und einfühlsam in winzigen Schritten. Auf den Tag ein Jahr später war die gleiche Gruppe wieder zusammen im Seminar. Die Rolle? „Wir sind dran", sagte die Besitzerin, „ganz nah dran." Sie führte die Hündin in die Mitte des Raums, alle warteten gespannt und – Lana rollte sich auf die andere Seite, zum ersten Mal! Lana ist der einzige fremde Hund, dessen Namen hier nicht geändert wurde. Weil wir unglaublich stolz auf sie und ihre Menschen sind.

Nicht jeder Hund ist wie Lana, der die Angst manchmal den ganzen Körper blockierte. Aber wie viele Hunde haben Angst, vor Männern, vor Musik, vor schnellen Bewegungen, vor Blitzlichtern, vor Applaus, vor Zuschauern, vor anderen Hunden, vor Gewitter, vor Feuerwerk. Es gibt 1000 Gründe für einen Hund, jetzt in diesem Moment unfähig zur Mitarbeit zu sein. Aber es gibt keinen Grund, die geistigen und körperlichen Fähigkeiten eines ängstlichen Hundes nicht zu fördern. Wir werden sein Leben bereichern, wenn wir sein Selbstvertrauen steigern und ihm die Freude an unserem Training vermitteln.

Trainingstipps:
Mit diesem Hundetyp scheitern wir am Anfang bei jedem Freudenweg-Leitziel. Von freudigem Arbeiten sind wir meilenweit entfernt. Die Kommunikation besteht aus seinem hilfesuchenden Blick, ihn aus dieser schrecklichen Situation zu befreien. Eine erfolgreiche Aufgabenlösung ist schlicht unmöglich. Aber genau dieses Problem zeigt uns auch diesmal die Lösung. Solange unser Hund sich an einem Ort nicht sicher fühlt, werden wir dort noch nicht trainieren!
Wir lösen erst das Problem seiner Angst, bevor wir uns dem gemeinsamen Training überhaupt zuwenden können.
Mehr als bei jedem anderen Hundetyp ist hier unsere kritische Selbstreflexion gefragt.

- Können wir die Ängste unseres Hundes klar definieren?
- Wie viele Zwischenschritte sind für eine Desensibilisierung nötig?
- Womöglich lernt unser Hund in einigen Situationen, über seinen Schatten zu springen?
- Was müssen wir beachten, um das Trainingsumfeld für ihn sicher zu gestalten?
- Sind wir vorbereitet für besondere Fälle?
- Mit welchem Ziel stellen wir uns einem Wettbewerb?
- Wie viel können wir dem ängstlichen Hund zutrauen?
- Wie viel Sicherheit können wir ihm garantieren?

Barbaras ältester Hund Cederic ist ein sehr großer, kräftiger Schäferhundmischling. Er kam als junger Hund aus der Türkei und bestand nur aus Angst. Es gab nichts, das ihn nicht in völlige Panik versetzte. Alles war gleichermaßen schrecklich. Hunde, auch das eigene Rudel, Kinder, Männer, Frauen, Verkehr, fremde Orte, auch diese Aufzählung fände kein Ende. Zudem hatte er von seinem Vater einen großen Schutztrieb geerbt, den er aber ausschließlich zum Schutz seines eigenen Lebens einsetzte. Schwer krank war er auch noch, ein Desaster! Barbara dachte über dieses schwierige Komplettpaket nach und fing einfach mal an. In allerwinzigsten Schritten wurde Cederic sehr bedacht und geduldig an jede Situation herangeführt.

Zeit spielte für Barbara keine Rolle. Sie ist der festen Überzeugung, dass jeder Hund lernen kann, aber es sich nicht voraussagen lässt, wie schnell. Allerdings bedeutet jeder Rückfall in alte Verhaltensweisen nicht nur, dass der Schritt zu groß war, sondern dieser Rückschritt macht die Arbeit von Wochen zunichte. Solange die Entwicklung in die richtige Richtung geht, ist es einfach egal wie langsam sie ist! Cederic brauchte lange, sehr lange. Erst im Alter von zwei Jahren ließ er sich zum ersten Mal von einem fremden Menschen anfassen. Auf dem heimischen Hundeplatz hat er sich aber schon vorher sehr wohlgefühlt. Bevor Barbara Cederic aus dem Auto holte, hat sie ihre Trainingskolleginnen gebeten, ihre Hunde anzuleinen, damit Cederic keine schlechte Erfahrung mit anderen Hunden machen konnte. Sehr schnell hatte Cederic verstanden, dass ihm dort keine Gefahr drohte und er zudem genau da seine allerliebsten Leckerlis bekam. Er fing an zu strahlen.
Unzählige Sonntage haben die zwei in menschenleeren Fußgängerzonen kleiner bayerischer Städte verbracht und erst als er sich da sicher fühlte, neue Tage und Uhrzeiten dazu genommen.

Das gute Ende der Geschichte: Als Cederic seine Angst überwunden hatte, zeigte sich sein wahrer Charakter. Er ist unglaublich menschenbezogen. Jeder Besucher wird begeistert begrüßt und durchgängig nach Streicheleinheiten gefragt. Cederic ist der Liebling aller Kinder. Er liegt stundenlang auf dem Rücken und lässt sich von ihnen den Bauch kraulen. Diesen gesunden, wunderschönen, gelassenen Rüden anzusehen, ist für Barbara eine tägliche Freude und ein sehr großer Lohn für ihre geduldige Arbeit.

Der sehr leicht ablenkbare Hund

Was verstehen wir unter diesem Hundetyp? Diesen Hundetyp müssen wir deutlich von dem Hund mit anderen Interessen und dem ängstlichen Hund abgrenzen. Ablenkbarkeit hat nicht zwingend etwas damit zu tun, dass unser Hund die gemeinsame Arbeit nicht spannend findet oder er in einer neuen Umgebung Angst hat. Er ist einfach schnell ablenkbar und das kann viele verschiedene Gründe haben.

Anders als der Hund mit anderen Interessen ist er sehr gern und mit Freude dabei. Er lernt oft schnell und kann sich im gewohnten Umfeld gut konzentrieren. Aber wehe, seine Antennen melden ihm etwas Neues, Interessantes in der Umgebung. Dann muss er erst mal gucken!

Auf dem Turnier erkennt man ihn gleich. Er arbeitet freudig mit, um im nächsten Moment kurz abzudrehen. Eine Bewegung, ein Gegenstand oder ein Geräusch ist zu orten. Womöglich bleibt er angespannt stehen oder läuft kurz hin. Sobald ihn unsere Signale aber wieder erreichen, wendet er sich uns aufmerksam und freudig zu. „Da bin ich wieder, weiter geht's hier im Parcours."

Er geht beim Dogdance mit wie ein Uhrwerk, bis ein Kind mit Luftballon auf seinem Radar erscheint – und weg ist er erst mal. Die Zuschauer lieben ihn. Er ist hinreißend in seiner Art und erhält Applaus, wenn er seinen Menschen wieder im Fokus hat.

> Daphne ist ein sehr leicht ablenkbarer Hund. Nein, falsch, sie ist ein extrem leicht ablenkbarer Hund. Sie ist unglaublich neugierig und möchte überall nur mal „eben schnell" einen Blick hinwerfen. Da vorne die Frau mit dem roten Kleid, hübsch, die große Kamera des Fotografen, interessant, die netten Menschen am Richtertisch, kurz begrüßen, die Zuschauer, lächeln, das Herrchen mit der Videokamera, schön.
>
> All das tut ihrer Begeisterung für Turniere keinen Abbruch. Sie liebt ihren Auftritt und genießt ihn strahlend von der ersten bis zur letzten Minute.

> Kurt ist ein Jack Russel, der hinreißend arbeiten kann. Ob im Dogdance-Ring oder im Dummy-Kurs, er ist immer ein Publikumsliebling. Dennoch, die Ablenkung ist allgegenwärtig und er brachte seine Besitzerin oft zur Verzweiflung, weil er wild wedelnd an der Ringabsperrung die Zuschauer begrüßte und erst mit Verzögerung weiterarbeiten konnte.

Was tun wir nur mit diesem Hund? An seinem Gehorsam arbeiten? Er befolgt unseren Ruf, sobald er ihn hört. Mehr Motivation? Er ist mit Freude und Eifer dabei. Was dann?

Trainingstipps:

Als erstes behalten wir unseren Humor! Ärgern wir uns nicht, wenn die Zuschauer schmunzeln. Bleiben wir im Training wie im Wettkampf gut gelaunt! Würden wir uns von etwas Spannendem abwenden, um mit einem missmutigen oder gar wütenden Menschen zusammenzuarbeiten? Natürlich hat er den Parcours vermasselt, aber mit jedem Mal, bei dem wir ihn schneller zu uns zurückholen können, sind wir einen Schritt weiter.

Vielleicht ist es sinnvoll, ein paar „Anker" einzubauen, besonders geliebte Übungen, mit denen der Hund wieder auf uns konzentriert wird. Zeigen wir ihm die Welt! Je mehr er kennt und erlebt, umso weniger wird es ihn davon ablenken, das zu tun, was ihm ja eigentlich großen Spaß macht, nämlich mit uns zu arbeiten!

 Kurts Besitzerin gab sich selbst zusätzlich mehr Handlungs- freiraum. Sie hat im Dogdance eher ein Gerüst statt eine feste Choreografie, sodass sie sofort auf eventuelle Außenreize reagieren kann. Ihr Dummy-Training absolvieren die beiden nun an allen möglichen Orten. Man sieht Kurts Besitzerin den Spaß an, Kurt immer wieder neu zu fesseln, und der geht begeistert mit. Das funktio- niert inzwischen so gut, dass er sich immer weniger aus dem gemein- samen Programm ausklinkt.

 Barbara lässt Daphne einfach Zeit. Nachdem Daphne in jedem Einkaufszentrum und in jeder Fußgängerzone der näheren und weiteren Umgebung ganz wunderbar und aufmerksam mit- arbeitet, bleibt der Turnierstart zwar weiterhin ein sehr spannendes Ereignis mit ungewissem Ergebnis, aber Barbara schult ihre Improvisation und freut sich an Daphnes Fröhlichkeit.

Mehr über die beiden erfahren Sie im Kapitel Turnierteilnahme.

Mischtypen

Natürlich finden wir die beschriebenen Hundetypen nicht in reinster Form. Immer vereinen sich mehrere Eigenschaften. Selbst der triebstärkste Hund hat auch ganz andere Seiten und der gemütliche Hund kann beim Erblicken eines Rehs zu einem ganz und gar ungemütlichen Monster mutieren. Es ist unmöglich, hier auf alle Kombinationen einzugehen. Wichtig aber ist, dass wir die Eigenarten unseres Hundes klar erkennen, um danach unser Training zu gestalten.
Bestimmen Sie doch mal den Typ Ihres Hundes. Es macht Spaß und zeigt teils ganz überraschende Ergebnisse.

NAME HUND	Nein	Schwach	Vorhanden	Stark
UNERMÜDLICH AKTIV				
WILL-TO-PLEASE				
ANDERE INTERESSEN				
GEMÜTLICH				
ÄNGSTLICH				
ABLENKBAR				

Fazit

Es ist absolut wichtig, dass wir und unser Hund im gemeinsamen Training Freude empfinden und die körperlichen und geistigen Fähigkeiten mitbringen, um dabei Erfolg zu haben.
Ist es ein gemütlicher Hund nicht wert, gefördert zu werden? Kann ich dem leicht abgelenkten Hund nicht doch vermitteln, dass Apportieren eine tolle Sache ist? Zugegeben, er wird vielleicht immer wieder mal für eine Überraschung gut sein, aber er wird auch sehr oft seine Aufgabe meistern.
Alle Hundetypen sind für unseren Sport geeignet, sofern wir unsere Ansprüche den Voraussetzungen anpassen. Ich kann mit einem gemütlichen, ruhigen Hund Agility machen und Freude für uns beide daraus schöpfen, solange ich nicht das Ziel habe, nach einem Jahr Training in A3 immer vorne mitzulaufen. Wichtig ist allein, die drei Freudenweg-Leitziele Freude, Kommunikation und Erfolg durchgängig zu beachten. Genau dann ist unser Training eine glückliche, gemeinsame Zeit.
Wir sind durchaus dafür, einen Hund seinen Vorlieben und Eigenarten entsprechend zu fördern, statt ihm einen ungeliebten Sport aufzuzwingen. Die Welt ist voll von Kindern, die Klavierstunden und Ballettunterricht bekommen und eigentlich viel lieber etwas anderes machen würden. Aber lassen wir uns nicht von vermeintlichen Grenzen davon abhalten, etwas Neues auszuprobieren.

An einer WM für Fährtenhunde wurde vor einigen Jahren
ein Yorkshire Terrier zur Veterinärkontrolle vorgestellt. Der
Tierarzt lachte herzlich und bat dann, ihm den „echten" Hund
zu bringen. Er kam gar nicht auf die Idee, dass dieser Hund am
Wettbewerb teilnehmen könnte. Der Yorkie arbeitete eine mehrere
Stunden alte Spur über Stoppelacker, tiefe Furchen und abgestorbenes
Gras aus. Es war Herbst und eine unfreundliche Witterung. Er erreichte
einen guten Platz im Mittelfeld, weil sein Mensch die Fähigkeit hatte,
ihn für etwas zu begeistern, für das er eigentlich nicht geeignet schien.

Wir müssen nun nicht sofort alle Yorkies zu Fährtenhunden ausbilden, aber versuchen wir
doch einfach mal, unsere Grenzen ein wenig weiter zu stecken! Warum sollen wir nur die
Dinge fördern, die unser Hund sowieso gern und somit auch bald gut macht? Ist es nicht eine
wunderbare Herausforderung, unserem Hund Freude am Apportieren zu vermitteln, obwohl
er sich anfangs nicht die Bohne dafür interessierte? Warum sollen nur die Hunde Heelwork-
Positionen erlernen, die ohnehin gern eng mit uns arbeiten? Wir bringen uns und unseren Hund
damit doch um das tolle Gefühl, etwas ganz Besonderes geschafft zu haben.

Unser Trainingsziel ist, neben den offensichtlichen
individuellen, positiven Eigenschaften des Hundes
weitere Fähigkeiten zu fördern,
die seine Entwicklung positiv beeinflussen können.
Wir allein definieren, wo unser Erfolg liegt!

Der Trainer

Dieses Freudenwegkapitel ist ein Appell.
Ein Appell an Sie – unsere Leser!
Wir möchten Sie sensibilisieren und Ihr Selbstbewusstsein stärken. Stehen Sie zu Ihrer eigenen Meinung, vertrauen Sie Ihrem Bauchgefühl. Und das ausdrücklich auch, wenn Sie fachlich noch nicht so viel können!

Genau das ist nämlich für manchen der Grund, „expertenhörig" alles zu tun, was ihm gesagt wird. Hier müssen der logische Menschenverstand und unsere Freudenweg-Leitziele greifen, um zu beurteilen, ob eine Trainermeinung für Sie und Ihren Hund das Richtige ist!

Jeder Trainer gibt sein Bestes, um mit uns und unserem Hund Fortschritte zu erzielen. Würden diese nämlich ausbleiben, stünde er über kurz oder lang ohne Schüler da. Zudem ist der Sinn seines Tuns, und das sagt auch die Bezeichnung Trainer aus, uns und unserem Hund etwas beizubringen. Dennoch endet immer wieder eine Trainingsstunde oder ein Seminar, welches wir voller freudiger Erwartung gebucht haben, ganz anders. Wir und unser Hund sind frustriert, verwirrt und demotiviert. Oder wir sind restlos überfordert, weil wir dem Kurs nicht folgen konnten. Im schlimmsten Fall haben wir sogar Rückschritte hinnehmen müssen. Und das alles, weil wir beim falschen Trainer waren?

Kein Trainer ist allwissend. Er wird manchmal mit seiner Einschätzung der Situation falsch liegen. Es liegt allein in unserer Verantwortung, wie wir mit unserem Hund umgehen und trainieren. Wir sind dafür verantwortlich, dass wir und unser Hund durchgängig Freude haben, das Training für uns erfolgreich verläuft und unsere gemeinsame Kommunikation zu keinem Zeitpunkt abreißt. Legen wir doch einfach unseren Hund kurz in seine Wartestellung, wenn wir die nächste Übung besprechen wollen oder etwas nicht verstanden haben und nachfragen möchten. Sind wir von einer Aufgabe überfordert, dann machen wir sie eben nicht oder einfach deutlich leichter. Unser Training muss Spaß machen und erfolgreich sein, und zwar nicht nur, wenn wir zu Hause allein trainieren. Nicht jeder Trainer arbeitet ausschließlich mit Vorschlägen und Übungen, bei denen wir uns wohlfühlen. Manchmal zeigt auch unser Hund deutlich, dass er mit einer Übung nicht zurechtkommt. Die Übung kann noch so gut bei allen anderen klappen, für unseren Hund ist es heute nicht der richtige Weg. Dann ziehen wir uns auch hier aus dem Training etwas zurück und versuchen es auf einem anderen Weg oder wir lassen es. Aber wir sollten offen mit unserem Trainer darüber sprechen, warum wir jetzt so und nicht anders handeln.

Die Welt stürzt nicht ein, wenn wir an diesem Tag keine Lösung finden. Beißen wir uns nicht an einer Aufgabe fest, die nicht klappt. Unserem Hund stehen nur maximal zwei Fehlversuche zu, dann muss er wieder Erfolg haben. Der Weg, ihm die Aufgabe zu vermitteln, ist sonst nämlich falsch! Und das sieht unser Trainer hoffentlich genauso.

Die Wahl des Trainers muss sehr sorgfältig durchdacht sein. Welcher ist der richtige für uns? Die Frage gilt nicht nur für Ihren Vertrauenstrainer, sondern für alle Trainer, denen Sie auf Ihrem Freudenweg mit Ihrem Hund begegnen.

Der Vertrauenstrainer

Zu ihm gehen wir regelmäßig. Hier fühlen wir uns wohl und zu ihm haben wir Vertrauen. Er leitet unser Training im Verein oder in der Hundeschule und hat durch den regelmäßigen Kontakt in kurzen Zeitabständen die Chance, uns und unseren Hund schnell und gut kennenzulernen. Jedoch sind wir, auch wenn wir seinen Unterricht regelmäßig besuchen, nur eine Momentaufnahme für ihn. Er sieht nicht, wie es in uns aussieht.

Wie sehr wir uns möglicherweise beeilen mussten, um pünktlich zur Stunde zu kommen. Die Hausaufgaben unseres Jüngsten nur unter schärfstem Protest gemacht wurden. Unser Chef heute den ganzen Tag schlechte Laune hatte. Wir eigentlich viel lieber auf dem Sofa sitzen würden, um unsere müden Beine hochzulegen. Für unseren Hund heute noch gar nicht so richtig Zeit hatten und sein Spaziergang vor dem Training auch nur 5 Minuten gedauert hat. Unser Trainer hat für diese Stunde ein sehr anspruchsvolles Programm vorbereitet und wir sind einfach nicht in der Lage, dieses umzusetzen.

Dann sagen wir es doch einfach! Unser Trainer wird dankbar sein, dass er sich nicht den Kopf zerbrechen muss. Selbst der beste Trainer kann nicht Hellseher und es ist auch für ihn frustrierend, wenn sein Konzept an diesem Tag nicht greift. In einem Einzeltraining hat er die Chance, auf diese spezielle Situation einzugehen. Er kann eine einfachere Aufgabe wählen oder eine, die uns besonders motiviert und gute Laune macht.

Und beim Gruppentraining geht es ja nicht nur um uns und unseren Hund, da müssen wir erst recht Farbe bekennen. Sprechen wir also kurz mit dem Trainer, dann ziehen wir uns aus dieser Stunde zurück und üben mit unserem Hund etwas Einfaches, das uns beiden Spaß macht.

Der Star

„Ich war bei XY." Der Satz weckt ehrfürchtiges Staunen in der Gassi-Gruppe. Als sei ein Kurs bei diesem Trainer schon eine Auszeichnung für Mensch und Hund. Dabei kann jeder XY buchen, wenn er die Kursgebühr aufbringt. Aber ehrlich, was hat uns das Seminar gebracht? War es wirklich gut für unseren Hund? Besonders ein Training bei einem Spitzentrainer erfordert unsere kritische Selbstreflexion. Warum gehen wir zu Trainer XY? Was erwarten wir von ihm? Ein Seminar bestimmten Inhalts bei einem sehr kompetenten Trainer zu buchen ist keine Erfolgsgarantie. Bedenken wir als Erstes, dass die Seminarteilnehmer nicht vom Trainer selbst zusammengestellt werden. In der Ausschreibung wird auf einige Voraussetzungen hingewiesen, aber meist hat der Trainer nicht die Möglichkeit, das zu überprüfen. Er plant sorgsam sein Training, möchte sein Wissen so effizient wie möglich weitergeben und steht dann einer kunterbunt gemischten Gruppe gegenüber. Dass wir aus diesem Seminar so viel wie möglich mitnehmen, steht allein in unserer Verantwortung. Planen wir also sorgfältig!
Ist unser Hund alt genug für den Kurs? Ist er den Ansprüchen körperlich und geistig gewachsen? Sicherlich wird ein guter Agility-Trainer keinen neun Monate alten Hund drei Tage lang durch-trainieren lassen. Doch wer garantiert dafür, dass der Trainer das, während eines auch für ihn an-strengenden Seminars, immer im Fokus behält? Die Verantwortung dafür, dass unser Hund gesund durch dieses Training geht, liegt ausschließlich bei uns, geben wir sie also nicht an den Trainer ab!

 Carmen besuchte mit Gimli im Alter von sieben Monaten ein 5-tägiges Dogdance-Seminar. Carmen war begeistert von der Leichtigkeit, mit der Gimli lernte, und von der großen Freude, die er dabei an den Tag legte. Das war der Weg, den sie in Zukunft gehen wollte. Hochmotiviert verfolgte sie das Seminar. Allerdings setzte Gimlis Jugend einfach Grenzen. Sie sprach darüber mit der wirklich hervorragenden Trainerin, die die Hälfte der Zeit eben nur mit Carmen allein arbeitete, während Gimli ruhig auf seiner Decke seine kurzen Lernsequenzen verarbeitete.

Schätzen wir die körperlichen Voraussetzungen unseres Hundes richtig ein? Erinnern Sie sich an das Beispiel aus dem Kapitel Trainingskomponenten Hund? Das Seminar, in dem alle Hunde Handstand lernen sollten? Zugegeben, ein absolut spektakulärer Trick und es wäre toll gewesen, ihn zu beherrschen. Der Trainer war bekannt für seine Kreativität, die Bewunderung der Teilnehmer fast greifbar. Er war sehr stolz auf seine Trainingsidee zum Handstand und wollte sie unbedingt vermitteln. In seiner Begeisterung übersah er einfach, dass die meisten Hunde überhaupt nicht die Voraussetzungen dafür mitbrachten. Und deren Menschen gaben die Verantwortung für die Gesundheit ihres Hundes einfach ab und übten wacker und erfolglos den Handstand. Erst nach geraumer Zeit erkannte der Trainer die Situation und stellte das Programm um. Frust statt Lernerfolg! Wie viel Freude und Erfolg hätten alle in dieser Zeit haben können, wenn die Menschen den Dialog mit dem Trainer gesucht hätten!

Reicht unser eigener Ausbildungsstand für eine erfolgreiche Teilnahme oder sind wir nach zwei Tagen frustriert, weil wir uns zu viel vorgenommen haben? Auch der beste Obedience-Trainer ändert nichts daran, dass wir womöglich einige notwendige Grundlagen noch gar nicht kennen! Und es ist in einem Gruppenseminar dem besten Trainer nicht möglich, den Trainingsplan für acht Teilnehmer umzustellen, nur weil einer davon absolut nicht folgen kann.

 Carmen erlebte bei einem Seminar, welches für nahezu alle Teilnehmer ein großer Erfolg war, einen Teilnehmer, der dem Kurs einfach nicht folgen konnte. Die theoretischen Ausführungen zum Thema verstand er nicht, weil ihm das Vorwissen fehlte. Er fragte aber selten nach, sondern übte lieber mit seinem Hund für sich allein am Rand einen Trick, den der schon besonders gut konnte. Die Freude, die Mensch und Hund dabei hatten, fünf Tage lang „Männchen" zu üben, hielt sich in Grenzen. Die anspruchsvollen Trainingswünsche des Mannes konnte der Trainer nicht erfüllen, weil weder der Teilnehmer selbst noch sein Hund die notwendigen Voraussetzungen mitbrachten. Der Trainer versuchte vergeblich, ihn mit geeigneten Aufgaben in den Kurs einzubinden, gab dann auf und wandte seine Zeit den andern Teilnehmern zu. Am letzten Tag sagte der Mann enttäuscht, der Trainer habe ihm persönlich überhaupt nichts Neues beibringen können. Dass er selbst dazu auch seinen Teil beitragen musste, war ihm gar nicht klar geworden.

Auch wenn wir bei einem „Star-Trainer" sind, müssen wir eigenständig handeln. Er kennt unseren Hund nur aus winzigen Sequenzen. Sieht er erste Anzeichen von Frust oder Irritation sofort?

*Wir haben die einmalige Chance,
von seinem großen Wissen zu profitieren.
Aber das tun wir nicht, wenn wir blind imitieren,
ohne zu sehen, was für uns passt oder nicht.*

Der Promi-Trainer

Wer kennt Sie nicht, die medienpräsenten Hundespezialisten, die in Talkshows und in Hundehochglanzmagazinen strahlen und die mit ihren amüsanten Vorträgen ganze Hallen füllen. Sie geben Ratschläge auf allen TV-Kanälen und natürlich kann man ihre Ausbildungsweise in Seminaren erlernen. In medienwirksamer Manier präsentieren sie ihre Kunden gern als Testobjekt in einer Vorabendsendung oder als „Fallbeispiel" zur allgemeinen Erheiterung in einem Vortragsabend. Bitte! Prüfen Sie ganz genau, ob die angepriesenen Methoden für Sie und Ihren Hund geeignet sind. Auch wenn etwas im TV oder auf YouTube von Tausenden Zuschauern verfolgt wird, könnte es doch für Sie und Ihren Hund falsch sein. Eine Methode anzuwenden, nur weil sie in einer Fernsehsendung so gut funktioniert hat, ist absolut fahrlässig! Wissen Sie, wie das Training ausgesehen hat, bevor die sendetaugliche Version endlich im Kasten war, und wie viele Versuche der Trainer hatte, bis er seine Methode so darstellen konnte, dass sie auch der Zuschauer verstand? Wir setzen einmal voraus, dass diese Videos auf seriöse Weise zustande gekommen sind, dennoch gelten sie erst einmal nur für den Hund, mit dem dort gearbeitet wurde.

Carmen wurde von Freunden als Zuschauerin zu einer solchen Show eingeladen. Der Promi-Trainer zeichnete Bilder von allen möglichen Hundesorgen und bot flink auf unterhaltsame Art Lösungen an. Es war ein amüsanter Abend, aber im Laufe der nächsten Wochen verging Carmen das Lachen. Sie begegnete in Trainingsgruppen und Internetforen etlichen Hundehaltern, die nun in der Sackgasse saßen. Sie verstanden die Welt nicht mehr, dabei hatten sie doch alles genauso gemacht, wie der Trainer es gesagt hatte. Einige hatten das dazugehörige Buch gekauft und andere sogar ganz genau nach dem Lehrvideo gehandelt. Sie hatten nur eins übersehen: Bei dem Hund, für den dieses Training entwickelt worden war, handelte es sich nicht um ihren eigenen! Selbst wenn das Problem des Trainingsbeispiel-Hundes absolut das gleiche war wie bei ihrem eigenen Hund, so war doch die Lösung nicht eins zu eins übertragbar.

Handeln Sie verantwortungsvoll! Ob Sie beim Promi-Trainer selbst oder bei einem seiner „registered Trademark" Trainer ein Training buchen, vereinbaren Sie erst einmal ein Gespräch und fragen Sie genau nach. Keine Trainingsmethode sollte wie eine unabänderlich in Stein gemeißelte Leitlinie verfolgt werden. Kann der Trainer unabhängig arbeiten? Beurteilt er die Situation frei und offen? Schlägt er kreative Lösungswege vor oder folgt er stur seinem Konzept? Unabhängig von seinem Showprogramm muss sich der Promi-Trainer auf Sie und Ihren Hund einstellen können und Ihnen ein individuelles Training garantieren. Deshalb ist Ihr gesunder Menschenverstand hier besonders gefragt. Auch wenn die Einschaltquoten noch so hoch sind, wenn Ihnen die Methode des Promi-Trainers unsympathisch ist, Sie sich mit dem Konzept nicht identifizieren können oder Sie die Freudenweg-Leitziele verletzen würden, schalten Sie ab!

Der Retter

Sie haben ein richtiges Problem mit Ihrem Hund. Ihr Vertrauenstrainer und auch einige andere Fachleute konnten Ihnen nicht helfen. Sie greifen zum rettenden Strohhalm und rufen den „Spezialisten" an. Er spricht ernst über Ihre Situation, legt seine Strategie vor und Sie bekommen ein wenig Bauchweh. Seine Methode behagt Ihnen nicht, aber Sie wissen keinen Rat. Er sagt, dass Sie und Ihr Hund jetzt „da durch müssen", denn Sie haben keine andere Chance! Ganz ehrlich – wenn Sie an diesem Punkt angekommen sind, schnappen Sie Ihren Hund und verlassen Sie sofort das Training! Hier eine Geschichte die uns sehr betroffen gemacht hat:

Eines Tages läutete das Telefon. Eine alte Schulfreundin war am Apparat. Zuerst war sie nicht zu verstehen, da sie so weinte. Ihre Geschichte verwandelte anfängliches Mitgefühl in ungläubiges Entsetzen. Ihr dreijähriger Rüde, ein großer Hund, hatte am Hundeplatz angefangen in Richtung anderer Rüden zu knurren. Um dieses Fehlverhalten wieder abzustellen, wurde eine Stunde bei einer bekannte Verhaltenstrainerin gebucht. Diese sah den Rüden kurz an und befahl dann der Schulfreundin, sich auf ihren Hund zu werfen und laut schreiend seinen Kopf auf den Boden zu pressen. Die Schulfreundin fühlte sich bei dieser Aufgabe zwar nicht wohl, da aber die Trainerin so bekannt war, hat sie getan, wozu sie aufgefordert wurde. Der Hund, bisher an ein vertrauensvolles Miteinander gewöhnt, hat vor lauter Entsetzen seine Analdrüsen entleert. Die Schulfreundin ließ ihn daraufhin los. Sofort wurde sie von der bekannten Verhaltenstrainerin aufgefordert, das Gleiche zu wiederholen. Die Schulfreundin, die inzwischen nicht mehr nur ein unwohles Gefühl hatte, sondern sehr unsicher war, tat auch das! Ihr Hund konnte sich aus ihrem Angriff befreien und hat sie in den Arm gebissen. Seit dieser Stunde war der Hund zerstört. Er hat unvermittelt andere Familienmitglieder gebissen, wurde dann wochenlang nur mehr mit Maulkorb im Haus gehalten, später in eine Tierpension untergebracht und seine Odyssee ist noch nicht zu Ende.

Lassen Sie uns bitte nie vergessen:
Alles was unseren Hund betrifft liegt ausschließlich
in unserer eigenen Verantwortung!

Carmen wurde von einem Agility-Sportler, Max, um Rat gefragt, dessen Hund Skype nach einem Agility-Seminar nicht mehr ihm arbeiten konnte. Skype bellte im Parcours schon immer, das hatte Max bisher nie gestört, denn der Hund war lenkbar und konzentriert. Das Seminarthema war Führtechnik im Parcours!
Am ersten Tag bellte Skype wie erwartet bereits beim Betreten des Parcours freudig los. Die Trainerin gab Anweisung, jedes Mal abzubrechen, da Skype das Seminar störe und sein Verhalten nicht zu tolerieren sei. Sie hatte ihren Säugling dabei, der in einem Wagen schlafen sollte, und nun natürlich aufgeweckt wurde! Max wollte nicht unfreundlich sein, brach also nach jedem Bellen ab, sodass Skype nahezu den ganzen Tag frustriert auf seiner Decke lag, während um ihn herum trainiert wurde. Max war das alles sehr peinlich. Am 2. Tag bellte Skype vor Erregung bereits beim Betreten der Halle. Das Baby schrie los. Die Trainerin war sichtlich genervt und ließ das Baby dann abholen. Max war frustriert. Nicht einen einzigen Start hatte er an diesem Tag. Stattdessen sollte Skype lernen, eine „Alternative anzubieten". Er wurde in einer Box mitten im Parcours untergebracht. Sobald er still sei, dürfe er mitarbeiten. Max könne mit einem Hund der Trainerin üben, damit er nicht ganz umsonst da sei. Skype verbrachte drei Tage in dieser Box, brüllte sich die Seele aus dem Leib, nervte die anderen Teilnehmer und wurde am Ende von der Trainerin als absolut ungeeignet bezeichnet. Als der frustrierte Max mit seinem Hund das erste Training zu Hause absolvieren wollte, steigerte sich Skype bereits auf der Fahrt zum Hundeplatz in eine solche Erregung, dass er im Training nicht ansprechbar war.
Um den Preis eines Turniersieges hatte Max seinen Hund tagelang einem unsäglichen Psychoterror ausgesetzt. Bemerkenswert dabei ist, dass er selbst mit Skypes Bellen im Parcours ja nie ein Problem hatte, sich aber von seinem Kursziel komplett abbringen ließ, weil es die Trainerin störte. Hätte er diesen Standpunkt klar definiert, wäre Skype viel erspart geblieben.

Es gibt keine Entschuldigung für Menschen, die trainerhörig, ohne bewusste Entscheidung, Trainingsmethoden anwenden, die bei etwas Nachdenken und Einfühlungsvermögen in ihrem Hund ein unsicheres Gefühl hervorrufen. Bin ich mir unsicher, ob etwas mir und meinem Hund auch guttut, mache ich es nicht. Ich denke in Ruhe darüber nach, ob ich es zu einem späteren Zeitpunkt vielleicht doch versuchen möchte.

 Ich lasse mich niemals manipulieren und ich gebe nie die Verantwortung für das körperliche und seelische Wohl meines Hundes aus der Hand

 Als Barbara vor 16 Jahren ihren Welpen Clara bekam, wollte sie unter fachkundiger Anleitung ihren Hund richtig ausbilden. Ihre anderen Hunde waren zwar alle sehr brave Familienhunde, sind gekommen, wenn sie gerufen wurden, konnten Sitz und Platz und ein wenig „bei Fuß", mehr aber auch nicht. Barbara ging also mit Baby Clara höchst motiviert zum örtlichen Schäferhundeverein und fiel dort einer sehr erfahrenen Trainerin in die Hände. Sie war und ist nicht nur erfahren, sondern wahrlich nicht auf den Mund gefallen und wusste, wovon sie sprach! Barbara hatte zwar absolut keine Ahnung von „richtiger" Hundeausbildung, aber eines wusste sie schon da ganz genau: Sie wollte nichts tun, was Clara und ihr keinen Spaß macht, und sie wollte jeden Schritt logisch nachvollziehen können.
Es war ein so schönes und wertvolles Training! Obwohl Barbara viele Vorschläge nicht sofort und manche auch nie umgesetzt hat, weil sie sich sehr langsam an alles herantastet, hatte sie nie auch nur das kleinste Problem, ihren Weg zu gehen. Sie hat dort mit Clara und allen nachfolgenden Hunden eine sehr glückliche, gemeinsame Zeit verbracht. Auch heute ist es immer noch die gleiche Gruppe und dieselbe Trainerin. Inzwischen ist es nach den vielen Jahren ein reger Austausch, bei dem sich jeder einbringt und alle einfach Spaß haben! Barbara hat seitdem bei vielen verschiedenen Trainern Seminare besucht und ihre sehr vorsichtige Herangehensweise hat sich mit der gewonnenen Erfahrung eher noch verstärkt. Kein einziger Trainer hat je versucht, sie und ihren Hund zu irgendwelchen Übungen zu überreden oder gar zu zwingen. Im Gegenteil, sie hatte immer das Gefühl, dass ihre aktive Mitarbeit, die ernsthafte Auseinandersetzung mit den Trainingsmethoden und ihre konstruktive Umsetzung, die Übung auf sich und ihren Hund passend zu machen, sehr begrüßt wurde!

Nicht jeder steht so sicher auf beiden Beinen zu Beginn seiner „Hundelaufbahn".

Carmen traf ihre ersten Trainer vor 35 Jahren. In der Satzung des Hundesportvereins stand tatsächlich: „Den Anweisungen des Ausbildungspersonals ist unbedingt Folge zu leisten."
Viele Trainer traten sehr autoritär auf und es war Carmen fast unmöglich, Fragen zu stellen oder Zweifel zu äußern. So stolperte sie mit ihrer Hündin Candy durch den Kurs. Sätze wie: „Das muss so sein. Das steht so in der Prüfungsordnung," bestimmten den Ablauf ihrer Trainingsstunden.
Das Lernergebnis war dürftig, auch bei den andern Teilnehmern, und so richtig Spaß machte es nicht. Das änderte sich zum Glück, als Carmen ihren Mann kennenlernte, der in einem anderen Hundeverein trainierte. Eigenverantwortung und selbstständiges Arbeiten waren dort normal, Hinterfragen erwünscht und man diskutierte mit dem Trainer! Der erste Schritt zum mündigen Hundehalter war geschafft! Das Training war abwechslungsreich und machte Freude. Der Erfolg stellte sich schnell ein.
In den folgenden Jahren stellte Carmen ihre Ausbildungsmethoden rigoros um, bis sie endlich ihren Weg gefunden hatte, um mit Hunden und Menschen zu arbeiten. Das war nicht immer einfach, aber es hat sich gelohnt. In ihrem alten Verein gab Carmen bald selbst die Gruppenkurse und bewies, dass es auch anders ging, unter den zweifelnden Blicken der „erfahrenen" Trainer, die mit Kopfschütteln die „neuen" Methoden verfolgten. Ohne die Unterstützung ihres Mannes hätte Carmen den Hundesport sicher bald entmutigt aufgegeben. Sie hatte noch lange Hemmungen, konträre Diskussionen mit Trainern zu führen.

Carmen hat also ganz andere Erfahrungen gemacht als Barbara. Es gab unangenehme Momente, wenn sie wagte, eine Trainingsmethode kritisch zu hinterfragen. Einige Trainer forderten autoritär die strikte Erfüllung ihrer Trainingspläne, andere begründeten ihr Handeln mit Reglements oder Fachbüchern und manche fühlten sich persönlich angegriffen. Das geschah häufig genau dann, wenn der Trainer sich seiner Methode selbst nicht sicher war.

 Jetzt, an dieser Stelle müssen wir uns fragen, warum Barbara und Carmen so unterschiedliche Erfahrungen gemacht haben.
Lag es nur an den Trainern? Nein, ganz bestimmt nicht!

Barbara hätte nie eine autoritäre Meinung zu ihren Hunden akzeptiert. Sie hätte augenblicklich diesen Hundeverein verlassen. Ohne das je deutlich sagen zu müssen, hat sie genau das aber in ihrem Verhalten ausgedrückt.

Carmen musste einen längeren Weg zurücklegen, bis sie das notwendige Selbstbewusstsein hatte, um ganz klar zu sagen: „Alles was meinen eigenen Hund betrifft, bestimme ausschließlich ich selbst." Heute, in der Nachschau, hat ihr diese für sie und ihre Hunde zwar negative Erfahrung doch in einem Bereich sehr geholfen. Sie achtet in ihren eigenen Stunden sensibel darauf, ob bei einem ihrer Schüler Zweifel und Unsicherheiten auftreten, und bittet sie aktiv darum, diese zu äußern! Keinem ihrer Schüler soll es so gehen, wie ihr selbst vor vielen Jahren!

Wie ist das bei Ihnen? Überdenken Sie Ihre eigenen Erfahrungen mit Ihrem Trainer.

- Haben Sie sich vorher informiert, wie der Trainer arbeitet, und waren Sie absolut einverstanden?
- Kommen Sie mit dem Trainer auf menschlicher Ebene zurecht?
- Ist es eine Zusammenarbeit auf „Augenhöhe"?
- Kann Ihr Trainer Ihnen die Wahl seiner Trainingsmethode erklären?
- Kann er sich auf Sie und Ihren Hund einstellen?
- Bietet er Alternativen, wenn etwas nicht passt?
- Wie gehen Sie damit um, wenn Ihnen eine Methode Unbehagen verursacht?
- Erfüllt das Training mit Ihrem Trainer alle Freudenweg-Leitziele?

Sie glauben, das alles geht bei Ihrem Trainer nicht? Haben Sie denn schon mal mit ihm gesprochen, an seinem Training wirklich aktiv teilgenommen und ihm seine Arbeit reflektiert? Versuchen Sie es doch einfach und wenn Sie wirklich auf ein so seltenes Exemplar gestoßen sind, dass das nicht akzeptieren kann, dann gehen Sie zu einem anderen!

Nichts ist schlimmer als ein Mensch, der gedankenlos und ohne innere Überzeugung einer Trainingsmethode folgt. Erwarten Sie nicht, dass der Zufall oder eine glückliche Fügung Ihnen ein gutes Training beschert, nehmen Sie das selbst in die Hand!

Ein wirklich guter Trainer kann sehr gut mit kritischen Fragen umgehen und freut sich über Schüler, die mitdenken. Er vertritt sein Konzept klar und ehrlich, aber er kann flexibel mit seinen Schülern arbeiten. Er ist in erster Linie eine gute Führungsperson. Als solche geht er mit Kritik und Anregungen souverän um.

Ein starker Chef verträgt starke Mitarbeiter. Ein guter Trainer verträgt starke und eigenverantwortlich handelnde Schüler.

Er achtet Ihre ehrliche, offene Meinung. Machen Sie sich doch klar, auch Ihr Trainer will Erfolg. Wer ein gutes Team haben will, hat keine Angst vor Autoritätsverlust. Er braucht kreative Köpfe um sich herum und keine Ja-Sager, die er absolut regiert. Sie sind der wichtigste Mitarbeiter Ihres guten Trainers und ohne Sie kann er nichts erreichen.

Wenn Ihr Trainer Sie und Ihren Hund auf Ihrem persönlichen Freudenweg begleitet, Brücken baut und neue Ausblicke eröffnet, dann ist er der richtige!

Das Trainingstagebuch

Das Trainingstagebuch ist unser wichtigstes Hilfsmittel und eine großartige Unterstützung, um frei von Emotionen und äußeren Einflüssen unser Training zu planen, zu strukturieren und objektiv zu beurteilen.

Es ist uns völlig unverständlich, dass es immer noch Hundesportler gibt, die ohne Plan in ihr Training stolpern und sich erst mit dem Hund an ihrer Seite überlegen, was sie denn heute mal machen könnten, oder schauen, was der Trainer so vorgibt.

**Den Fokus der einzelnen Aufgabe,
auch wenn sie von einem Trainer vorgegeben wird,
bestimmen immer wir selbst!**

Wir haben unseren eigenen Energielevel im Trainingsplan berücksichtigt. Wir schleppen uns nicht mit einer schlimmen Erkältung durch ein anstrengendes Trainingsprogramm, sondern haben uns für diesen Tag nur eine einfache Aufgabe für unseren Hund überlegt.

Wir arbeiten konzentriert und achtsam und haben eine genaue Vorstellung von unserem Trainingsziel sowie unseren notwendigen Schritten dahin und haben uns vorher überlegt, ob das, was wir trainieren möchten, auch wirklich Sinn macht. All das lässt sich zu Hause am Küchentisch deutlich besser durchdenken, als nach dem fünften Fehlversuch im Beisein der Trainingskollegen. Trainingstage, nach denen wir verzweifelt mit unseren Fähigkeiten gehadert haben, gehören der Vergangenheit an. Wir haben gelernt, nicht nur unseren vierbeinigen Freund, sondern auch uns selbst realistisch einzuschätzen und unsere gemeinsamen Möglichkeiten passend zu planen.

Durch die Vermeidung unserer Fehler machen wir die Trainingszeit für unseren Hund zu einem fröhlichen, gemeinsamen Erlebnis und auch für uns wird diese Zeit eine entspannende Bereicherung, die wir nie wieder missen wollen.

Wir werden nicht von den Gegebenheiten überrascht, weil wir sie im Vorfeld bedacht und in unserem Trainingsplan berücksichtigt haben. Wir wissen, welches Warm-up unser Hund nach der längeren Wartezeit bei kaltem Wetter vor seiner Agility-Einheit benötigt und haben die Zeit dafür eingeplant.

Wir haben die passende Bestätigung für die geplante Übung dabei und stellen nicht erst beim Training fest, das sich das Highlevel-Leckerli, das wir eingepackt haben, für die konzentrierte Übung eines neues Tricks nicht wirklich eignet, da unser Hund allein beim Geruch zu keinem klaren Gedanken mehr fähig ist.

Wir notieren uns die Fortschritte und die Entwicklungsfelder unseres Hundes bei einer Übung genauso wie die Hinweise, was wir beim nächsten Mal besser machen möchten.

Dadurch knüpfen wir im nächsten Training an der passenden Stelle an, vermeiden alte Fehler und entwickeln schneller und besser kreative Ideen, wie wir unseren Hund weiter fördern können.

 Wir stellen sicher, dass wir nicht an irgendeiner Stelle des Trainings unsere Freudenweg-Leitziele vergessen.

Allein dadurch hat das Training mit unserem Hund immer ein positives Ergebnis. Und genau deswegen können sich keine unbedachten Rückschritte unseres Hundes einschleichen. Die Leitziele sind unsere Richtmarke, unser Kriterium, das uns sofort aufzeigt, wenn etwas anfängt falsch zu laufen. Wir sind sensibilisiert, reagieren unmittelbar und haben gelernt, unseren Trainingsplan flexibel an die Gegebenheiten anzupassen.

 Und genau deshalb trainieren wir niemals ohne Plan!

Wir planen im Voraus und beurteilen während oder direkt nach unserem Training.

Was wir im Voraus notieren

Das Datum
Das Datum vermerken wir, um später nachsehen zu können, ab wann wir angefangen haben, an einer bestimmten Übung zu arbeiten. Manchmal meinen wir, schon ewig an einer bestimmten Aufgabe zu trainieren, aber wenn wir dann mal nachsehen, wie oft wir sie geübt haben, wie viele Tage zwischen den Trainingseinheiten lagen und wie unser Hund sich trotzdem stetig verbessert hat, relativiert sich der ursprüngliche Eindruck schnell.
Auch den genialen Trainingsplan vor ungefähr zwei Wochen am Hundeplatz können wir so einfacher wiederfinden und das Ablenkungstraining in der Stadt, kurz nach dem Geburtstag des Ehemanns, lässt sich gut aufspüren und die dort vermerkten Hinweise nochmal nachlesen.

Die Uhrzeit
Die Uhrzeit birgt gute Hinweise, vergleichen wir sie mit den Einträgen über uns, unseren Hund, das geplante Training und die Ergebnisse daraus. Morgens sind wir frisch und ausgeruht, der Trainingsplan ist gar nicht einfach, doch das Ergebnis ist richtig gut. Oder das 12-Uhr-Training am Samstag und der wiederholte Eintrag bei mir „angestrengt, keine Motivation" weisen darauf hin, dass die Trainingszeit nach dem samstäglichen Wocheneinkauf vielleicht geändert werden sollte.

Bei einer Trainingszeit montags, 19:30 Uhr, nach einem langen Arbeitstag zeigt der wiederholte Eintrag bei mir „zwar müde, aber fröhlich und motiviert" sowie das gute Ergebnis in der Nachbeurteilung, dass mir und meinem Hund diese gemeinsamen Abendstunden richtig guttun. Selbst wenn wir das vorher schon irgendwie im Gefühl hatten, ist es etwas ganz anderes, es schwarz auf weiß aufgeschrieben zu haben. Ohne schlechtes Gewissen werden wir zukünftig das Training samstags nach dem Wocheneinkauf durch einen schönen Spaziergang ersetzen und eine geeignetere Zeit für eine Trainingsstunde finden.

> Minimonster Pia ist frühmorgens müde. Während ihre Freundinnen begeistert auf ihren Morgenspaß warten, schläft die sonst immer fröhliche Pia friedlich neben ihnen. Der immer gleiche Eintrag „müde" bei ihr um diese Uhrzeit hat Barbara da nicht lange rätseln lassen und so sieht Pias Übungseinheit völlig anders aus als die ihrer Freundinnen.

> Auch Yedi ist ein Morgenmuffel. Er zieht im Alltag den Morgenschlaf unter dem Schreibtisch eindeutig einem Spaziergang vor. Damit er bei einem morgendlichen Turnierstart dennoch froh und aufgeweckt dabei ist, hat Carmen ein besonderes Ritual entwickelt, um ihn in freudige Stimmung zu versetzen. Damit kann sie auch das unbeliebte „Morgen-Zeitfenster" positiv öffnen.

Vergleichen wir unsere Trainingszeiten mal mit den Fütterungszeiten unserer Hunde. Vielleicht findet sich auch da ein Ansatz, um unser Trainingsergebnis zu verbessern. Wenn unser Training erst am Abend stattfindet, zu einer Zeit, zu der unser Hund normalerweise sein Abendessen bekommt, hat er einen Riesenhunger. Ist er dann noch konzentriert oder sollten wir am Trainingstag eine Zwischenmahlzeit einplanen?

Mensch und Hund
Wie wichtig ich für das gemeinsame Training mit meinem Hund bin, haben wir in dem Kapitel Trainingskomponenten, der Mensch, ausführlich besprochen. Mit einer kurzen Bewertung meiner Verfassung in dieser Spalte mache ich mir das vor der Planung des Trainings nochmal bewusst. Ich werde bestimmt keinen komplizierten Trainingsplan aufschreiben, wenn ich in der Spalte ICH „total entnervt" eingetragen habe.

Genau wie bei dem Eintrag „gestern Rumba = schrecklicher Muskelkater" ist ein lustiges Frisbeespiel auf der Wiese hinter dem Haus wahrscheinlich die bessere Entscheidung für mich und meinen Hund.

Auch für meinen Hund ist, wie im Kapitel Trainingskomponenten beschrieben, seine Tagesform entscheidend bei der Umsetzung unseres Trainings.
Er hat bei unserer Mutter gerade ein halbes Hähnchen aus der Küche stibitzt?
Unser Jüngster hat heute Nachmittag mit seinen Freunden und unserem Hund stundenlang Fußball gespielt?
Nachdem ich die entsprechenden Vermerke in die Spalte Hund gemacht habe, wird es mir nicht schwer fallen, diese ungeplanten Geschehnisse in einem sinnvollen Trainingsplan zu berücksichtigen.

Wenn ein Gewitter ansteht, ist an Training mit Gimli nicht zu denken. Er darf sich dann in seine Box verkriechen, bis die Gefahr vorüber ist. Aber danach, wenn der Himmel wieder blankgeputzt und die Angst verflogen ist, ist Gimli erleichtert und voller Lebensfreude. Das ist die Gelegenheit, den Fokus auf Fluss und Konstanz zu legen.

Der Ort

Die meisten Hundesportler trainieren nicht immer am gleichen Ort. Das Agility-Training findet zwar überwiegend auf dem Hundeplatz statt, aber ein paar Sprünge und ein Slalom stehen bei manchen auch im Garten.
Für Obedience und Dogdance sind wechselnde Trainingsorte unbedingt notwendig, damit der Hund lernt, auch unter Ablenkung und in ungewohnter Umgebung konzentriert und freudig zu arbeiten. Und auch ein begeisterter Flyball- oder Frisbee-Sportler wird gern mal beim Spaziergang die Gelegenheit ergreifen, etwas ganz anderes mit seinem vierbeinigen Freund zu trainieren. Oder die Unterordnung soll im Urlaub am Strand geübt werden.
Um den Ort bei der Planung unseres Trainings zu berücksichtigen, sind einige Punkte zu bedenken.

Zunächst ist der **Untergrund** in seiner Eignung für die geplante Einheit einzuschätzen. Ist er glatt oder griffig, hart oder weich, grobe oder feine Oberfläche, hell oder dunkel, Stein, Sand, Gras, Teppich, Holz, Waldboden?
Wenn ich mit meinem Hund Fußarbeit trainieren möchte, muss ich zudem bedenken, welche Schuhe ich tragen werde. Der zwar malerisch mit dicken Wurzeln durchzogene Waldboden ist

ohnehin ungünstig. Wenn ich obendrein noch meine dicken Wanderschuhe trage, eignet er
sich überhaupt nicht. Es sei denn, ich möchte wochenlang versuchen, meinen Hund wieder ans
Bein zu bekommen, nachdem ich ihm schmerzhaft auf die Pfote getrampelt bin.
Dass ich auf glattem Boden keine Sprünge trainiere, ist selbstverständlich, aber selbst bei
engen Wendungen können sich Hunde sogar verletzen. Ein sehr glatter Boden kann einen
Hund so verunsichern, dass er verhalten und verkrampft läuft und sich sichtlich unwohl fühlt.
Im Trainingsergebnis erziele ich nur durch die falsche Auswahl der Trainingseinheit auf einem
ungeeigneten Boden einen Rückschritt, der mit etwas Nachdenken nicht nötig gewesen wäre.
Möchte ich im Tricktraining heute das Kriechen üben? Habe ich auch den dort vorhandenen
Boden in der Planung berücksichtigt? Gerade das Kriechen lässt sich nicht auf jedem Boden üben
und sollte beim Training auf bestimmtem Untergrund eben nicht auf den Trainingsplan.

> **Barbara trainiert mit ihren Hunden im Urlaub am Strand.
> Heruntergefallene und mit Sand panierte Wurststückchen sind
> hier nicht unbedingt das passende Trainingsleckerli.**

Genauso macht es wenig Sinn, auf dunklem Boden ein dunkles Leckerli als Bestätigung zu
werfen, um dem Hund dann ewig beim Suchen zuzusehen. Kleckerndes Feuchtfutter auf
Rasen zeichnet auch nicht gerade eine durchdachte Trainingsplanung aus. Gern können wir
das Feuchtfutter aber auch durch faserige Hähnchenbrust ersetzen, die über den Hundeplatz
verteilt nicht nur den eigenen Hund zu fröhlichen Suchspielen motiviert, sondern auch in den
nachfolgenden Trainingsgruppen für Abwechslung sorgt.

Auch die **Temperatur** muss berücksichtigt werden. Sehr oft fällt uns auf, dass bei kaltem Wetter
nicht über einen passenden Kälteschutz für den Hund nachgedacht wird. Besonders beim Training
in der Gruppe oder auf Seminaren müssen unsere Hunde oft lange warten, bis sie an der Reihe
sind. Viele Hunde haben nicht das passende Fell, damit auch ihre Muskeln bei dieser Warterei in
der Kälte nicht auskühlen.

Einen Hund im Winter im Agility-Training aus seiner Box zu holen und mit ihm ohne Warm-up
durch den Parcours zu hetzen, ist ein absolutes Unding. Genauso ist beim Obedience- oder
Dogdance-Seminar in der kalten Halle für viele Hunde ein wärmender Mantel eine große Hilfe
und kürzt die notwendige Zeit für das Aufwärmen erheblich ab.
Je nach Rasse unseres Hundes kommt eine Beeinträchtigung unseres Trainings gleichfalls auch
bei großer Hitze in Betracht.

Eigentlich ganz anders als gedacht kommen Daphne, Agnes und Elissa, Shelties mit sehr dichter Unterwolle, mit hohen Temperaturen gut zurecht. Die kleine Pia hingegen, ein Havaneser ohne Unterwolle, mag bei Hitze überhaupt nicht üben und liegt am liebsten, ohne sich zu rühren, auf dem kühlen Steinboden.
Gimli ist durch eine Augenerkrankung extrem lichtempfindlich. Er kann einfach nicht in der Sonne arbeiten. Carmen muss also am Trainingsort eine Lösung finden, zum Beispiel indem sie mit Gimli im Schatten eines Baumes Positionswechsel übt oder ganz dicht an einer Hauswand trainiert.
Regentropfen in den Augen sind für Yedi und Gimli, wie für viele kleine Hunde, sehr unangenehm. Da sie beim Heelwork aber hochschauen, muss das Training bei Regen Indoor stattfinden. Dort kann der Platz eingeschränkt sein. Also kann Carmen unter Umständen nur die Positionen trainieren, aber nicht Laufschritt und Wendungen.

Also noch ein Punkt über den wir in der Vorbereitung unseres Trainings kurz nachdenken sollten und wenn notwendig unter dem Punkt Ort kurz vermerken.

Doch nicht nur der Untergrund des gewählten Trainingsortes, auch die mit ihm verbundene **Ablenkung** (gleich Schwierigkeit), ist bei der Planung des Trainings *zu* berücksichtigen.

Eine Übung, die unser Hund zu Hause im Garten sehr gut und sicher ausführt, kann für ihn schon in der gewohnten Trainingsgruppe schwieriger sein. Sind wir jetzt zum Beispiel auf einem Seminar in einer völlig neuen Umgebung mit ganz anderen vierbeinigen Trainingskollegen, klappt genau diese Übung vielleicht überhaupt nicht mehr. Wir haben noch gut das Freudenweg-Leitziel Erfolg präsent: „Unser Hund muss zu jedem Zeitpunkt im Training die ihm gestellte Aufgabe erfolgreich absolvieren können. Sind die Schritte klein genug, kann absolut jeder Hund Erfolg haben!" Ich muss also die Aufgabe meines Hundes an die Schwierigkeit meiner Ortswahl anpassen und im geplanten Training berücksichtigen. Auch das Freudenweg-Leitziel Freude gibt hier eine wichtige Hilfestellung: „Die Freude für Mensch und Hund muss immer und durchgängig gegeben sein." Gerade dieses Leitziel ist in dem Seminarbeispiel gar nicht so einfach einzuhalten.

Wie fühle ich mich selbst in der fremden Umgebung? Unser Hund starrt die ganze Zeit diese hübsche Hündin neben uns an? Warum sitzt die auch so dicht bei uns? Platz ist doch genug? Wenn wir uns gerade rechtzeitig zur ersten Gruppenübung gesammelt und unser Leitziel Freude wieder fest vor Augen haben, müssen wir feststellen, dass unser Hund von der großen, fremden Halle doch sehr beeindruckt ist und absolut nicht freudig wirkt! Was nun?

Unliebsame Überraschungen können wir immer wieder erleben, aber mit einer durchdachten Trainingsvorbereitung sind wir bestens gerüstet. Um die Frage gleich vorwegzunehmen, nein, natürlich kann ich nicht mit einem detaillierten Trainingsplan auf einem Seminar auftauchen. Logisch! Aber ich kann sehr gut vorher überlegen, wie die gerade beschriebenen Situationen auf mich und meinen Hund wirken könnten, und mir Gedanken machen, wie ich damit umgehe, damit dieses Seminar für uns beide zu einem großartigen Erlebnis wird. Das heißt, ich mache mir hier die gleichen Gedanken zu der UHRZEIT, dem ICH, dem HUND und dem ORT.

 Gimli und Yedi reagieren sehr sensibel auf ihre Mitschüler in Seminaren. Ist es zu laut, graben sie sich regelrecht in ihren Boxen ein. Carmen wählt deshalb den Ruheplatz mit Bedacht, sodass sich die beiden auch dort entspannen können.

Genauso werde ich, aber dazu kommen wir später, den Fokus festlegen. Und ich werde mir überlegen, wie lange ich überhaupt mit meinem Hund trainieren möchte.

 Daphne, die ihre erste Seminarwoche mit Barbara allein besuchte, hat die meiste Zeit gemütlich auf ihrem Kissen gesessen, während Barbara konzentriert aufpasste und fleißig mitschrieb. Daphne musste nicht plötzlich eine Woche lang von morgens bis abends üben. Das hätte ihr nämlich keine Freude gemacht. Inzwischen hat Daphne Unterstützung von ihren Freundinnen Agnes, Pia und Elissa bekommen. Auch zu viert verbringen sie viel Zeit auf ihrem Kissen, aber sie lieben Seminare und sind auch am letzten Tag einer Seminarwoche noch fit, motiviert und freudig dabei.

Also zurück zu der Schwierigkeit für unseren Hund durch die Ablenkung, die beim Trainingsort vorhanden sein kann. Wir müssen vorher darüber nachdenken, wie es für unseren Hund sein könnte. Nur wir kennen unseren Hund gut genug, um eine realistische Einschätzung zu treffen. Wir müssen uns vorher überlegen, wie wir ihm da am besten helfen können und welche Übungen der Situation angemessen sind, die er somit erfolgreich schafft. Unseren Trainingsplan nachbessern können wir ja jederzeit. Schon die Wahl unseres Trainingsortes gibt somit auch die ersten Hinweise für die Auswahl der Belohnungen für unseren Freund.

Belohnungsskala

Jeder von uns weiß natürlich was seinem Hund besonders gut schmeckt und kennt sein Lieblingsspielzeug. Denken wir doch an dieser Stelle über die möglichen Belohnungen für unseren Hund nach, bringen sie in eine Reihenfolge und schreiben sie nach Wertigkeit sortiert in die folgende Belohnungs-Skala.

....

....

....

....

....

Die passende Belohnung

Damit unser Hund die passende Belohnung für eine Übung bekommt, muss ihre Wertigkeit für ihn angemessen sein. Aber es gibt noch viele weitere Aspekte, die bei der Wahl der richtigen Belohnung zu bedenken sind. Hat unser Freund gerade eine lange Freifolge bei der Unterordnung motiviert und fröhlich absolviert, ist ein kleines Stückchen Trockenfutter für ihn nicht unbedingt eine tolle Belohnung. Darf er aber ein wildes Zerrspiel mit uns machen, ist er glücklich und in seiner Leistung bestätigt. Es gibt viele Möglichkeiten, mit dem bedachten Einsetzen unserer Belohnung den Lernerfolg positiv zu beeinflussen. Wir können für unseren Hund einen zwar sicher gekonnten, aber eher langweiligen Übungsteil durch die Art unserer Belohnung aufwerten und allein hierdurch eine deutliche Motivationssteigerung erzielen. Doch Vorsicht, hier drohen Stolpersteine. Möchte ich zum Beispiel bei der Fußarbeit die Motivation meines Hundes steigern und werfe deshalb immer wieder mal einen Ball, kann, je nach Typ des Hundes, die Fußarbeit recht schnell unkorrekt werden, obwohl ich dadurch sehr erfolgreich an der Motivation gearbeitet habe. Vielleicht gibt es aber eine andere Lösung. Gerade bei einer hochwertigen Belohnung ist es wichtig, dass sie nicht das Gehirn ausschaltet, sondern einfach ein Highlight im Training ist.

Gebe ich meinem Hund das Leckerli aus der Hand oder werfe ich es? Allein durch das Werfen werte ich ein Leckerli aus der untersten Stufe auf, aber ein geworfenes Leckerli eignet sich nicht bei jeder Übung. Genauso ist das Spiel mit dem Zerrteil oder dem Ball, auch wenn es in der Belohnungs-Skala ganz oben stehen würde, nicht immer die zu jeder Übung passende Bestätigung.

 Powermaus Agnes ist beim Anblick eines Balls einfach nicht fähig, konzentriert und korrekt zu arbeiten. Erscheint er aber, und das nicht zu oft, unerwartet und somit überraschend, ist er eine wunderbare Belohnung für sie.
Gimli arbeitet auf Hochtouren für einen Jackpot. Damit er dabei einen klaren Kopf bewahren kann, muss dieser außerhalb des Trainingsplatzes stehen. Gäbe es den Jackpot aber mehrmals hintereinander, würde er völlig übermotiviert seine Aufgabe schnell und unsauber ausführen.

Möchte ich bei einer Übung die Geschwindigkeit steigern oder arbeite ich an der korrekten Ausführung? Dieser völlig unterschiedliche Fokus bedeutet auch andere Belohnungsformen und Arten. Benötigt die Übung eine hohe Belohnungsfrequenz oder eher eine tolle Bestätigung nach einer etwas längeren Phase? Welche Menge an Leckerlis werde ich verwenden? Wie groß ist das einzelne Stück? Und wie lange kaut unser Hund darauf herum?

Dass die Bodenbeschaffenheit unseres Trainingsortes auch die Wahl der verwendeten Bestätigung mitentscheidet, haben wir schon durchdacht, genau wie die Ablenkungsintensität, die unseren Hund beeinflussen könnte. Aber auch hier müssen wir unsere Erfahrungen gut beurteilen.

Minimonster Pia spielt zu Hause mit großer Leidenschaft und ist gut mit ihrem rosa Häkelstrick zu motivieren. In einer fremden Umgebung spielt sie nicht, überhaupt nicht, aber ihre allerliebste Belohnung, ein Stück Frikadelle, wird mit der größten Begeisterung verspeist und hilft bei jeder noch so großen Ablenkung.

Da Yedi auf Gras ungern arbeitete, hat Carmen anfangs Outdoor-Turniere gemieden. Seitdem sie die Arbeit auf Gras aber im Training besonders honoriert, zeigt sich Yedi auf der großen Wiese hochmotiviert. Seine Konzentration und Ausdauer stiegen immens.

Soll die Belohnung für die Spielpause zwischen den einzelnen Übungssequenzen eingesetzt werden oder ist es die Bestätigung in der Sequenz? Möchte ich die konzentrierte Übung am Parcours im Rally-Obedience, bei der ich viele Leckerlis benötige, mit einer lustigen Spielsequenz mit dem Frisbee abschließen?

Auch die **Reihenfolge**, in der ich die verschiedenen Belohnungen verwenden möchte, muss durchdacht sein. Spielt unser Hund mit Freude und Power nach der ersten und zweiten Sequenz, kann das Spiel gegen Ende unserer Trainingsstunde an Wert verloren haben.
Das der geübten Aufgabe eigentlich angemessene Leckerli einer unteren Stufe verliert an Wert, wenn in der vorangegangenen Trainingssequenz bereits mit einem Leckerli einer hohen Stufe in der Belohnungs-Skala bestätigt wurde.
Mein Hund liebt klein geschnittene Käsestücke und sie sind ganz klar die oberste Stufe in der Belohnungs-Skala. Welche Differenzierungsmöglichkeiten habe ich, wenn die Käsestücke meine ausschließliche und bei allen Arten von Aufgaben verwendete Bestätigung ist?

Wir stellen fest: Auch die vermeintlich simple Auswahl der Belohnung für unseren Freund kann, gut durchdacht, einen sehr positiven Effekt auf unser gemeinsames Training haben, schlecht geplant aber völlig unnötige Probleme bereiten.

Bevor wir jetzt die Planung unserer Trainingssequenzen besprechen, möchten wir einen kleinen Exkurs zum Zielprozess mit Ihnen machen.

Exkurs zum Zielprozess

Unser Zielprozess findet ausschließlich Top-down und nicht Bottom-up statt. Das ist ein ganz entscheidender Unterschied in der Herangehensweise. Warum, erklären wir hier.

Als Hilfsmitte benötigen wir ein gebundenes Heft oder Notizbuch, keine losen Blätter wie bei einem Collegeblock. Warum fest gebunden? Unser Zielprozess ist eine fließende Entwicklung. Wir passen ihn immer wieder an geänderte Voraussetzungen an. Und genau dieser Prozess ist unglaublich spannend. Wir wollen keine Irrwege und falschen Schritte entfernen, wir wollen sie sehen, korrigieren und weiterentwickeln. Dadurch werden wir immer besser und lernen, unsere Schritte realistisch zu planen. Top-down, also von oben nach unten, heißt, wir beginnen mit unserem Traum, von dem wir gar nicht wissen, ob wir ihn je erreichen können, aber ihn uns wirklich wünschen. Dieser Traum sieht bei jedem von uns völlig anders aus. Der eine träumt davon, auf der Deutschen Agility-Meisterschaft ganz vorne mitzulaufen. Ein anderer wäre bei einem entspannten Dogdance-Turnierstart mit seinem sonst sehr ängstlichen Hund unglaublich glücklich.
Setzen wir uns an dieser Stelle keine Grenzen! Es ist ein Traum und er kommt auf die erste Seite unseres Heftes.

Ein Beispiel: Ich habe einen kleinen Mops, meinen ersten Hund. Gewissenhaft habe ich ihn beim heimischen Hundeverein auf die Begleithundprüfung vorbereitet und diese gerade bestanden. Ich bin unglaublich stolz und möchte gern weitere Aufgaben mit meinem Hund trainieren, um ihn zu fördern, außerdem habe auch ich die gemeinsame Arbeit sehr genossen. Nach unserer Trainingsstunde habe ich immer dem Obedience-Team, das nach uns geübt hat, beim Training zugesehen und war begeistert von der Vielfalt in der Hundeausbildung. Das würde mir großen Spaß machen und ich glaube, meinem kleinen Freund auch.

In meinem großen Traum, während ich so am Zaun lehne, meinen Hund auf dem Arm, sehe ich uns beide auf einem großen Turnier in der höchsten Klasse starten. Die Zuschauer fangen an zu schmunzeln, als sie meinen Hund sehen, der energisch neben mir herläuft. Aber als wir mit unserer Prüfung beginnen, macht sich schlagartig ungläubiges Staunen auf ihren Gesichtern breit. Sie können es kaum glauben, dass mein kleiner Hund, eben ein Mops, so begeistert und sauber seine Aufgaben meistert. Und schon weiß ich, was auf die Seite 1 in mein Heft gehört!

Habe ich also meinen Traum notiert, fange ich an mir zu überlegen, was mein Hund dafür alles können muss. Nein, werten Sie nicht und reißen Sie nicht jetzt schon die erste Seite aus ihrem Heft! Schreiben Sie einfach nur völlig ungeordnet untereinander, was Ihnen dazu alles einfällt.

Wie viele Klassen gibt es im Obedience? Aus welchen Elementen besteht eine Prüfung? Was muss mein Hund jeweils in der obersten Klasse gelernt haben? Was muss ich gelernt haben, um meinen Hund so weit fördern zu können?

Sie haben schon drei Seiten gefüllt und ihr Eindruck, ein völlig unrealistisches Ziel zu verfolgen, verdichtet sich immer mehr? Falsch! Auch das ist noch nicht die passende Stelle, um darüber zu urteilen. Machen Sie bitte einfach weiter.

Arbeiten Sie sich immer weiter nach unten, Stufe für Stufe, und gehen Sie keinesfalls zu sehr ins Detail, es geht um eine grobe Richtschnur. Ihnen fehlt an dieser Stelle noch das nötige Wissen, um eine Feinplanung vorzunehmen. Außerdem wird sich Ihr Weg ja immer wieder verändern, um sich an Ihre gemeinsame Entwicklung anzupassen.

So, und jetzt sind sie die Treppe ganz nach unten gegangen und an der ersten Stufe angekommen. Was könnte das realistische Ziel für das nächste Jahr sein? Mit welchen Entwicklungsfeldern bei Ihnen und Ihrem Hund wäre es sinnvoll zu beginnen?
Sie haben auch das aufgeschrieben? Wunderbar! Es ist vollbracht! Und jetzt klappen Sie Ihr Heft zu, schnappen Ihren vierbeinigen Freund und legen los. Denn genau an dieser Stelle fängt unser Freudenweg an. Wir nehmen unser Trainingstagebuch, planen die ersten Sequenzen und fangen dann einfach mal an. Was daraus wird? Mal sehen. Wer weiß, ob Sie nicht irgendwann eine Frau mit einem kleinen Mops sehen und aus dem Staunen nicht mehr herauskommen.

Sequenzen

Nachdem wir also unsere Notizen zu DATUM, UHRZEIT, ICH, HUND und ORT in unser Trainingstagebuch eingetragen haben, fangen wir an, unsere Sequenzen zu planen, und rufen uns nochmal die Freudenweg-Leitziele ins Gedächtnis. Freude, Kommunikation und Erfolg müssen bei uns und unserem Hund durchgängig vorhanden sein. Dieses Ziel in unserem Training zu beachten, ist uns eine große Hilfe bei der Planung und lässt uns immer wieder hinterfragen, ob das mit der Sequenz, die wir uns vorstellen, auch funktionieren wird.
Je weniger einschätzbar ich für meinen Hund bin, umso spannender ist das Training für ihn. Wir alle neigen zu den immer gleichen Reihenfolgen und Abläufen. Also lassen Sie uns eine Überraschung planen wie die Belohnung an einer völlig unerwarteten Stelle oder ein anderes Spielzeug als das gewohnte. Setzen wir unsere Fantasie ein. Ändern wir immer wieder die Reihenfolge unserer Übungen und nehmen einfach auch mal eine ganz andere Übung neu mit auf. Das Training soll doch spannend und abwechslungsreich sein und jedes Mal ein tolles Erlebnis.

- Aber welche Reihenfolge macht für unseren Hund Sinn und passt die Wertigkeit der geplanten Belohnung in die Reihenfolge oder hebt sie einander auf?
- Braucht der eher ruhige Hund zum Einstieg ins Training eine Powersequenz?
- Wie schaffe ich es, dass er die notwendige Spannung einer konzentrierten und korrekten Ausführung in der nächsten Sequenz überhaupt halten kann?
- Wie belohne ich und wann?
- Wann und wie lange sollen die Pausen sein?
- Was ist die sinnvolle Anzahl an Wiederholungen für diese Übung? Oder wie lange soll sie dauern? Zur Dauer ein kleiner Hinweis: Sehen Sie beim Üben auf die Uhr. Wenn wir uns in eine Sache vertiefen, verlieren wir oft völlig unser Zeitgefühl.

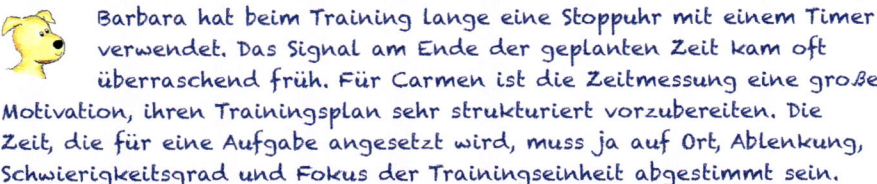

Barbara hat beim Training lange eine Stoppuhr mit einem Timer verwendet. Das Signal am Ende der geplanten Zeit kam oft überraschend früh. Für Carmen ist die Zeitmessung eine große Motivation, ihren Trainingsplan sehr strukturiert vorzubereiten. Die Zeit, die für eine Aufgabe angesetzt wird, muss ja auf Ort, Ablenkung, Schwierigkeitsgrad und Fokus der Trainingseinheit abgestimmt sein.

Gimli ist ein unermüdlicher Tüftler. Er würde stundenlang an einer Aufgabe bleiben. Gerade bei ihm ist es wichtig, auf die Einhaltung der Zeit zu achten, sonst würde er jedes Training todmüde beenden.

Braucht der unermüdlich aktive Hund am Anfang eine Konzentrationsübung oder beginne ich bewusst mit einer Übung, die seine Selbstdisziplin herausfordert und von der ich denke, dass er sie schaffen kann? Und was mache ich, wenn es dann doch nicht klappt?

Wenn wir schon länger unser Trainingstagebuch führen, wird die Planung der Trainingssequenzen mit dem Fokus, den wir üben wollen, immer einfacher. Die Hinweise der vorangegangenen Trainingsbeurteilungen helfen uns sehr, die passenden nächsten Schritte zu planen.

Für Yedi darf eine Aufgabe, die richtig gelöst wurde, keine Wiederholung haben. Die Aufgabe ist richtig gelöst, Punkt. Jeder weitere Schritt in dieser Trainingseinheit führt zu Frust und Irritation. Also ist es wichtig, diesen Schritt im Trainingstagebuch festzuhalten.

Wir können die Übung vertiefen und weiterführen und uns an dem erfolgreichen Aufbau der früheren Einheit orientieren. Wir werden bei einer Baustelle eine neue Herangehensweise ausprobieren und nicht dieselbe, die schon im letzten Training nicht geklappt hat, wiederholen. Wir wissen, welches die schwächere Seite unseres Hundes ist, und werden sie zukünftig besser fördern. Wir wissen, nach welcher Zeitspanne unser Hund abbaut und wie viele Wiederholungen einer bestimmten Übung sinnvoll sind.

Und vor allem haben wir das Allerwichtigste gelernt: Wir sind flexibel!

Wir halten nicht starr an unserem Plan fest, wenn wir merken, es läuft völlig anders als gedacht. Und durch die Beachtung unserer Freudenweg-Leitziele merken wir das augenblicklich. Wir nutzen unser „Warte" und sammeln uns, denn auch für uns gilt ja das Leitziel **Freude**. Wir gehen zu unserem Tagebuch, streichen die Sequenz durch und machen anstelle des Geplanten etwas, das unserem Hund und uns bestimmt Freude macht. Wie sinnvoll und wichtig unser „Warte" für unser Training ist und wie oft wir es benötigen, haben wir ja ausführlich in dem Kapitel Freudenweg-Leitziel **Kommunikation** besprochen. Jetzt brauchen wir es. Unsere Flexibilität ist neben der Planung gleichermaßen wichtig, um das gemeinsame Training mit unserem Hund zum **Erfolg** zu führen. Selbst die beste Planung kann nicht alle unerwarteten Geschehnisse und die Reaktionen unseres Hundes darauf vorhersehen. Deshalb müssen wir flexibel in der Lage sein, einen Übungsablauf, der so wie geplant nicht funktioniert, sofort umzustellen, oder, wenn uns momentan einfach kein anderer Weg einfällt, die Übung eben für dieses Training streichen. Und trotzdem muss unser Hund auch aus dieser Sequenz als Held in seine Pause gehen! Und das erfordert eben flexibles und auch kreatives Handeln. Also, bei aller Planung, bleiben Sie flexibel!

Der Fokus

Mit der Planung einer einzelnen Sequenz legen wir gleichzeitig auch ihren Fokus fest. Und auch wenn es einfach erscheint, sich nur auf einen Fokus zu beschränken, ist das eine wirkliche Herausforderung. Warum sollen wir uns eigentlich auf nur einen Fokus festlegen? Gerade das Vermischen verschiedener Trainingsziele führt unweigerlich zu Misserfolg und Frustration bei Mensch und Hund.

 Wir üben im Agility heute die korrekte Führung unseres Hundes zum Tunnel, dessen Eingang sich zur Verleitung direkt neben der Steilwand befindet. Genau das ist unser Fokus. Die Wendung bei den beiden Sprüngen davor, die ganz einfach ist und immer klappt, ist gerade nicht das Thema. Genau die klappt aber nicht, der Tunneleinstieg hingegen prima. Was passiert jetzt? Anstelle sich über den Erfolg beim Erreichen unseres Trainingsziels zu freuen, gehen wir enttäuscht mit unserem Hund zum Anfang und wiederholen die Wendung, die jetzt natürlich wieder klappt, der Tunneleinstieg aber diesmal nicht. Super! Hätten wir uns doch einfach nach dem ersten erfolgreichen Versuch gefreut und uns kurz vor Augen geführt, was wir gerade alles richtig gemacht haben, um diese Herausforderung zu meistern.

Gerade wenn wir das Gefühl haben, uns mit halbfertigen Dingen zufrieden zu geben, müssen wir uns den Fokus der Sequenz deutlich vor Augen halten.

Im heutigen Training für unsere Begleithundprüfung haben wir uns vorgenommen, motiviertes „Bei Fuß" auf längere Distanz zu üben. Wir haben alles genau durchdacht und es funktioniert prima. Unser Hund läuft höchstmotiviert, allerdings merken wir schon nach wenigen Metern, dass seine Position am Bein unkorrekt wird. Wir gehen noch ein Stück, brechen dann enttäuscht die Übung ab und fangen von vorne an. Diesmal hält unser Hund seine Position gut, allerdings ist seine Motivation, an der wir ja eigentlich arbeiten wollten, verschwunden. Super! Warum haben wir uns nicht einfach über unseren erfolgreichen Trainingsaufbau zur Motivation gefreut? Später hätten wir dann in unserem Tagebuch kurz vermerkt, dass wir in der nächsten Zeit daran üben müssen, dass unser Hund auch bei großer Motivation die korrekte Position halten kann! Und zu Hause hätten wir uns dann in Ruhe überlegt, wie genau wir das üben können. Tja, so einfach wäre es gewesen, und so schnell endet ein eigentlich erfolgreiches Training mit einem tollen Trainingsansatz in Misserfolg und Enttäuschung – und niemand hat sich weiterentwickelt!

Also, ganz wichtig: Wir legen nur einen Fokus fest und bleiben für diese einzige Sequenz dabei!

Und da wir ja flexibel sind: Wenn wir tief im Inneren unseres Herzens doch Kummer über die verpatzte Wendung bei den beiden Sprüngen vor dem Tunneleingang spüren oder wegen der unkorrekten Fuß-Übung – streichen wir doch einfach eine der nachfolgenden Sequenzen und üben stattdessen, was immer wir üben wollen!

Nachdem wir nun diese vielen Aspekte durchdacht und in unserer Trainingsplanung berücksichtigt haben, ist der Rest ein Kinderspiel.

Trainingsbeurteilung

Wir müssen nur noch unsere erbrachte Trainingsleistung objektiv beurteilen und bestimmen, was wir im nächsten Training anders oder besser machen wollen. Genauso wichtig ist aber die Notiz über die Sequenzen, die perfekt aufgebaut waren und wunderbar geklappt haben und die weiter vertieft werden sollen. Dazu beurteilen wir während oder direkt nach dem Training folgende Punkte:

- Wie war **ich** und was werde ich bei **mir** verbessern?
- Habe **ich durchgängig** das Gefühl von Freude und Erfolg verspürt?
- Konnte **ich durchgängig** die Kommunikation mit meinem Hund aufrechterhalten?
  Wenn nein, an welchen Stellen und warum hat es nicht funktioniert?
  Wie kann ich es beim nächsten Training vermeiden? Wenn ja, super!

Nicht Perfektion allein ist wichtig, sondern vor allem Reflexion und Reaktion.

- Habe ich, wenn nötig, flexibel reagiert und hat es funktioniert? Wenn nein, warum nicht,
  und wie versuche ich es beim nächsten Mal? Wenn ja, bitte aufschreiben und merken!
- Wie war meine Körperhaltung? Habe ich punktgenau und an den richtigen Stellen bestätigt?

Wenn Sie sich bei manchem nicht ganz sicher sind, beurteilen zuerst Sie die Trainingsleistung Ihres Hundes.

- Wie hat mein Hund gearbeitet? Wie helfe **ich** ihm, sich weiter zu verbessern?
- Hat mein Hund **durchgängig** freudig gearbeitet?
- Hat er **durchgängig** seine Kommunikation mit mir aufrecht gehalten?
- Konnte er seine Aufgaben **durchgängig** erfolgreich absolvieren?
  Wenn nein, haben Sie flexibel reagiert und hat es funktioniert?

Jetzt wissen Sie die Antwort zu Ihrer Leistung und können sie in Ihr Feld scheiben.
Machen Sie sich zu jeder Trainingssequenz eine kurze Notiz, wie Sie in dieser Übung zukünftig weiter fortfahren möchten. Ist ein ganz neuer Ansatz notwendig oder befinden Sie sich genau auf dem richtigen Weg. Vergessen Sie nicht aufzuschreiben, was eine tolle Idee war, an welchen Stellen Ihr Training perfekt abgelaufen ist. Genau das ist der Sinn unseres Trainingstagebuchs. Wir wollen uns immer weiter verbessern und unsere Fehler schnell und nachhaltig eliminieren. Nachdem Sie nun so viel über das Trainingstagebuch gelesen haben, werden Sie jetzt sehr erleichtert feststellen, wie einfach und übersichtlich es für Sie auszufüllen ist. Und wenn Sie es mal einfach eine Zeitlang probieren, wird es Ihnen so gehen wie uns.

 Sie trainieren nie mehr ohne Plan!

Freudenweg-Trainingstagebuch

Datum	Uhrzeit	Ich Fit? Motiviert? Optimistisch?	Hund Fit? Motiviert? Ausgeruht? Satt?	Ort Schwierig? Ablenkung? Untergrund? Temperatur?

Was wird geübt? Sequenz 1
Spannung/Abwechslung/Überraschung/Pause

← *Futter/Belohnung anpassen* ↑

Dauer:
Anzahl Wiederholungen:
Fokus:

Was wird geübt? Sequenz 2
Spannung/Abwechslung/Überraschung/Pause

← *Futter/Belohnung anpassen* ↑

Dauer:
Anzahl Wiederholungen:
Fokus:

Was wird geübt? Sequenz 3
Spannung/Abwechslung/Überraschung/Pause

← *Futter/Belohnung anpassen* ↑

Dauer:
Anzahl Wiederholungen:
Fokus:

Was wird geübt? Sequenz 4   ← *Futter/Belohnung anpassen* ↑
Spannung/Abwechslung/Überraschung/Pause

Dauer:
Anzahl Wiederholungen:
Fokus:

. . . .

Bitte beachten Sie – in jeder Sequenz ist nur ein Fokus möglich!

. . . .

Wie war ich und was werde ich bei mir verbessern?
Durchgängig Freude, Kommunikation und Erfolg bei mir? Flexibel reagiert?

. . . .

Wie hat mein Hund gearbeitet?
Durchgängig Freude, Kommunikation und Erfolg beim Hund?

. . . .

Wie helfe ich ihm, sich weiter zu verbessern?   *Sequenz 1, 2, 3, 4*

Trainingsmethoden

Die Vielfalt im Hundesport und die erfreuliche Tatsache, dass immer mehr Menschen Freude beim Training mit ihrem Hund erleben möchten, haben ein breites Spektrum an Trainingsmethoden hervorgebracht. Viele Trainer – und noch mehr ihre Anhänger – beanspruchen für sich, **die** Methode entwickelt zu haben. Doch bei näherer Betrachtung merken wir schnell, **die** Methode gibt es nicht. Es gibt viele positive Methoden und es liegt an uns herauszufinden, welcher Weg für uns und unseren ganz speziellen Hund der richtige ist.

Wir arbeiten ausschließlich nach Methoden, die wir ethisch und moralisch vertreten können. Aversive Methoden im Hundetraining lehnen wir komplett ab!
Strafen, physischer und psychischer Zwang, Angst und Schmerz haben nichts mit gutem Training zu tun! Deshalb gehen wir nicht auf diese Trainingsmethoden ein. Unsere Zeit ist zu kostbar, um sie mit Frustration, Zwang oder Strafe im Training zu verbringen.

Mittlerweile ist wissenschaftlich bestätigt, dass eine positive Lernatmosphäre sehr zum Erfolg beiträgt. Das macht es uns ganz einfach.

Jede Methode, die uns und unserem Hund durchgängig die Freudenweg-Leitziele Freude, Kommunikation und Erfolg gewährleistet, passt für uns.

Leider sieht die Realität oft anders aus. Treten Probleme auf, wird nicht nachgedacht, woran es liegen könnte. Nein, der Mensch wird energisch, verbissen, ungeduldig. Es muss doch endlich klappen mit dieser positiven Trainingsmethode. Der Hund reagiert immer frustrierter. Wir wollten positiv trainieren, aber plötzlich sind Freude, Kommunikation und Erfolg vergessen. Und genau hier fällt bei manchen die falsche Entscheidung: Sie werden „ernst", „lassen das nicht durchgehen", „da muss der Hund durch", „dann gibt's halt mal Druck". Er wird bestraft, ignoriert, frustriert, kein Futter, kein Spielzeug und wenn er einen Fehler macht, brechen sie sofort das Training ab. „Jetzt ist erst mal Schluss mit lustig!"

Das Training endet häufig mit Selbstzweifeln. Der Hund ist langsam. Er schnüffelt, ist verunsichert, abgelenkt, verweigert Übungen. Er nimmt sich ganz einfach aus der für ihn unangenehmen Situation heraus.
Sieht so eine schöne Freizeitbeschäftigung aus? Ganz bestimmt nicht!

Bei der Arbeit an diesem Buch kamen wir zu der ernüchternden Erkenntnis, dass viele Hundehalter im festen Glauben, ihren Hund nur positiv zu fördern, gar nicht bemerken, wie viel Unverständnis und Frustration sie bei ihm verursachen. Wir möchten an dieser Stelle die Gefahren bei Trainingsmethoden, die sehr positiv für Mensch und Hund sein **könnten**, wenn sie denn richtig ausgeführt **würden**, aufzeigen.

Im Folgenden schauen wir uns einige bekannte und oft verwendete positive Trainingsmethoden beispielhaft an, um unsere Gedanken deutlich zu machen. Es würde dieses Buch sprengen, wollten wir jede positive Trainingsmethode genauer besprechen.

Wir unterstellen dem guten Trainer, dass er seine Methode gewissenhaft ausarbeitet und ein sorgsam entwickeltes Programm anbietet, um uns wirklich weiterzubringen. Aber muss das zu 100 Prozent zutreffen oder ist vielleicht nur ein Teil davon gut für uns und unseren speziellen Hund? Auch wenn eine Trainingsmethode für unsere Vereinskameraden und Sportfreunde noch so erfolgreich ist, muss sie nicht zu uns und unserem Hund passen. Kann unser Hund damit wirklich freudig und schnell lernen? Das müssen wir kritisch prüfen und wenn etwas nicht funktioniert, müssen wir es entweder weglassen oder ändern, bis es für uns und unseren Hund passt!

Genauso wichtig ist, kritisch zu hinterfragen, ob wir selbst in der Lage sind, eine Trainingsmethode absolut nachzuvollziehen und auch richtig umzusetzen.

>
> Niemand käme auf die Idee, sich nach der Lektüre der Gebrauchsanleitung eines Autos und zwei Fahrstunden hinters Steuer eines Wagens zu setzen und loszubrausen. Wir nehmen Theoriestunden, besuchen Pannenkurse und Erste-Hilfe-Kurse, absolvieren Stadt-, Nacht- und Überlandfahrten, bevor wir uns zur Führerscheinprüfung anmelden. Und wenn wir die bestanden haben, sind wir noch lange keine brillanten Autofahrer.

Haben wir uns ausreichend mit der Theorie auseinandergesetzt? Sind wir in der Praxis gut genug geschult, um nun mit unserem Hund zu arbeiten? Ein Trainingsbuch zu lesen oder ein Wochenendseminar zu besuchen, bedeutet nicht, dass wir nun in der Lage sind, die Methode richtig anzuwenden.

Ob unsere Trainingsmethode, so wie wir sie anwenden, für uns und unseren Hund tatsächlich positiv ist, können wir jedoch anhand der drei Freudenweg-Leitziele sofort erkennen. Sie lassen uns ganz einfach und klar beurteilen, wo eine Trainingsmethode für uns und unseren Hund passt, ob wir sie richtig umsetzen oder an welchen Stellen wir noch nachbessern müssen.

Training mit Clicker oder Markerwort

Der Clicker oder das Markerwort – der Einfachheit halber reden wir in der Folge nur vom Clicker – ermöglichen es uns, dem Hund schnell und eindeutig zu sagen, dass er etwas genau in diesem Moment richtig macht. Das Signal kündigt zudem eine Belohnung an, sodass der Hund sofort nach dem richtigen Verhalten in freudiger Erwartung ist. Zeigt der Hund das gewünschte Verhalten, folgen der Click und die Belohnung. Wir machen uns zunutze, dass die Belohnung einer erwünschten Handlung die effektivste Art ist, das Verhalten des Hundes zu beeinflussen.

Betrachten wir einmal folgendes Szenario:
Sie erinnern sich noch an Bob, den polnischen Niederungs-hütehund? Seine Besitzer sind ratlos. Bob ist im Training schnell hektisch, er bellt viel und passt einfach nicht auf. Statt wie gewünscht rückwärts zu gehen, verbeugt er sich. Ständig! Dabei kann er rückwärts gehen! Er will nur nicht.
Aber Bobs Mensch trainiert positiv. Geduldig wartet er, ob Bob nicht doch noch aus dem Verbeugen einen Rückwärtsschritt anbietet. Nur einen Schritt und – peng – legt Bob sich hin. Click! Zu spät, aber Bob schnellt freudig hoch. Er bekommt die Belohnung – versprochen ist versprochen – und legt sich blitzschnell erwartungsvoll wieder ab.
Jetzt hilft Bobs Mensch, er geht ein wenig auf Bob zu. Bob springt auf und bellt. Er ist frustriert, aber immer noch bereit, weiterzumachen. Er gibt jetzt auch Pfötchen oder rollt sich. „So ein Kasper!" Sein Mensch ist gerührt. Wie sich Bob bemüht! Und die Rolle kann er ja auch noch nicht so lange, also: Click!
Zum Abschluss der Einheit machen sie noch ein wenig Fußarbeit mit hoher Clicker-Rate, alle zwei bis drei Schritte ein Click. Bobs Mensch hat die Hand in der Futtertasche, damit er schnell belohnen kann. Nun noch ein wenig Sitz und Steh, Bob wird unruhig, weicht nach hinten aus: Click! Er ist rückwärts gegangen! Super!
Diese Geschichte entstammt keiner Comedy-Show für Hundetrainer. Sie ist genauso passiert. Bobs Menschen stellten ihn Carmen im Tricktraining vor. Sie wollten unbedingt mit ihrem Hund positiv arbeiten. Sie waren sehr betroffen, als Carmen ihr positiv gedachtes Training unter die Lupe nahm.

Es gibt diverse Bücher über Clickertraining. Manchen liegt sogar ein Clicker bei. Wir nehmen ihn nach der Lektüre zur Hand mit der festen Überzeugung, von nun an gut informiert nur mehr positiv zu arbeiten. Natürlich fügen wir dem Hund mit dem Clicker keine Schmerzen zu. Aber Fehler beim Training führen durchaus zu emotionaler Verwirrung und Frustration und können sogar völliges Nichtverstehen einer Aufgabe hervorrufen, wodurch beim Menschen und beim Hund die Freudenweg-Leitziele in unerreichbare Entfernung schwinden. Trainieren wir doch erst einmal uns selbst. Es gibt gute Seminare zum Thema.

Es genügt nicht, sich einen Clicker zu kaufen und Käse zu würfeln, um positiv zu arbeiten. Schulen wir unser Auge und unseren Verstand, trainieren wir unsere Reaktion, damit wir richtig clicken.

Shaping

Vor dem Belohnen zu clicken ist noch lange nicht Shapen. Dazu gehört mehr! Beim Shaping wird jeder kleinste Schritt in Richtung Zielverhalten belohnt. Schritt für Schritt wird das Lernziel von Mensch und Hund gemeinsam erarbeitet. Der Hund lernt, aktiv und kreativ mitzuarbeiten. Richtig aufgebautes Shaping erleichtert unserem Hund später das Erlernen schwieriger Handlungsketten. Wenn wir unser Training so aufbauen, dass unser Hund möglichst fehlerfrei lernen kann, ermöglichen wir ihm ein stressarmes und positives Lernen. Er lernt nachweislich schneller und zuverlässiger. Wir ersparen uns beiden den Frust vieler Fehlversuche, durch die sich auch unerwünschte Verhaltensweisen einschleichen können. Selbst wenn unser Hund „mit Frustration gut umgehen kann", ist das nicht der Weg, den wir gehen möchten, denn er zeigt nur unser eigenes Unvermögen, unserem Hund die Übung richtig zu vermitteln.

Gerade beim Shapen können wir den Trainingserfolg steigern, indem wir die Begleitumstände sorgfältig planen. Die richtige Ausgangsposition des Hundes, die Position des Menschen, der Belohnungsort, der Einsatz von Hilfsmitteln wie zum Beispiel Targets beeinflussen den Lernerfolg enorm. Dennoch soll der Hund ja aktiv mitarbeiten. Wir planen also unser Training sorgfältig, haben Hilfsmittel bereitgelegt und natürlich auch überdacht, wie wir vorgehen möchten. Und erst dann nehmen wir, bestens vorbereitet, unseren Hund mit ins Boot.

Wenn aber unser Hund trotz kleinster Lernschritte nicht selbstständig auf den richtigen Weg kommt? Ist es da nicht besser, ihm zu helfen, anstatt ihn durch Fehlversuche zu frustrieren? Nutzen wir unseren gesunden Menschenverstand, um zu unterscheiden, wann wir manipulieren und wann wir unterstützen. Seien wir kreativ, damit wir ein Verhalten unseres Hundes gut shapen können. Und halten wir uns vor Augen, wie schwierig es für den Hund sein kann zu erkennen, was wir wirklich wollen.

Unser Hund sollte ohne unangenehme Manipulation durch den Menschen arbeiten. Denn solche Arten von körperlichen Einwirkungen haben nichts mit Shaping zu tun. Wer so arbeitet, trainiert in keiner Weise positiv, nur weil er dazu einen Clicker benutzt. Verschwenden wir keine Zeit mit derlei Maßnahmen! Nutzen wir unsere Energie stattdessen, eine Clicker-Session sorgfältig mit Verstand zu planen und eine Lösung zu überlegen, die ein solches Vorgehen unnötig macht. Beim Shaping haben wir klar geplant, wie das Ziel aussieht, und belohnen jedes Verhalten des Hundes in die richtige Richtung. Dabei müssen wir schnell entscheiden, welche Aktion uns nützlich ist und belohnt wird und welche nicht. Gutes Shaping ist für den Hund eine hohe geistige Herausforderung. Um freudig selbstständig ein Verhalten anzubieten, muss er frei von Frustration bleiben. Machen wir uns den Schwierigkeitsgrad der Übungen bewusst. Ein vom Hund gezeigtes Verhalten unter Signalkontrolle zu bekommen, ist nicht einfach.

 Carmens Yedi scharrt beim Gassigehen ausgiebig mit den Hinterpfoten, meist nach dem Lösen. Carmen clickte nun jedes Mal, wenn Yedi mit den Hinterbeinen scharrte. Sie achtete genau auf exaktes Timing. Yedi suchte nach dem ersten Click für das Scharren meist erwartungsvoll Blickkontakt, aber da seine Handlung ja eine unbewusste gewesen war, blieb es anfangs bei einem einzigen Click. Nach einem Fertig-Signal entfernte sich Yedi wieder und entspannte sich. Er schnüffelte herum und fand bald wieder einen Grund zum Scharren, Click!

Nach einigen Tagen war Yedi beim Spaziergang in freudiger Erwartung und scharrte nach dem Lösen, Click. Danach aber stellte er sich erwartungsvoll neben jeden Baum auf der Strecke. Obwohl der Click direkt beim Scharren erfolgt war, hatte Yedi ihn anders interpretiert. Er glaubte, die Nähe zum Baum sei die Lösung! Carmen wechselte auf baumlose Wege, wo Yedi wieder nach jedem Lösen scharrte. Die Trefferquote stieg enorm, denn Yedi erkannte, dass es „baumunabhängig" für die Bewegung der Hinterbeine einen Click gab. Er wiederholte das Scharren bald schon mehrfach nach dem Click, allerdings stellte sich schnell heraus, dass er glaubte, besonders viel Gras oder Erde wegscharren zu müssen. Das Objekt war ihm also bewusster als seine Hinterbeine.

Carmen verstärkte somit zeitgleich mit Gymnastik und Hinterhand-Tricks sein Bewusstsein für seine Hinterbeine. Bis das Verhalten drinnen und draußen auf unterschiedlichen Böden allein auf Wortsignal zuverlässig abrufbar war, verging mehr als ein Jahr. Die Start-, Warte- und Pause-Signale beim Spaziergang waren in dieser Zeit unerlässlich. Ohne sie wäre Yedi beim Gassi in ständiger Bereitschaft gewesen und hätte sicher bald frustriert aufgegeben.

Sicher gibt es Hunde, die diese Übung blitzschnell und problemlos erlernen. Wir möchten Yedi aber als Beispiel dafür nehmen, von wie vielen Faktoren das Gelingen einer Übung abhängt. Deshalb müssen wir dafür sorgen, dass die Faktoren, die wir beeinflussen können, auch funktionieren. Machen wir uns bewusst, dass es nicht einfach „das" Clickertraining gibt: Shaping, Freeshaping, Kreativ-Clickern, einzelne Aktionen oder ganze Handlungsketten. Selbst wenn wir optimal vorbereitet sind, passt nicht jede Sparte für jeden Hund. Das beste Rennrad ist zum Downhill-Fahren nicht geeignet. Wir müssen damit einfach auf dem Asphalt bleiben. Es gibt Hunde, die mit Kreativ-Clickern absolut überfordert sind, und welche, die beim Freeshaping völlig verzweifeln. Fangen wir also erst einmal mit ganz einfachen Aufgaben an und sehen, was zu uns und unserem Hund passt.

Überprüfen wir unser Training mit Clicker oder Markerwort:
Haben wir klare Start- und Schlusssignale, damit unser Hund sofort aktionsbereit ist und nach dem Training auch wieder entspannen kann oder läuft er uns noch eine Viertelstunde nach und will weitermachen?
Damit wir genau das bestätigen, was wir erarbeiten wollen, schulen wir – ohne Hund – unser Timing. So vermeiden wir Stress und Missverständnisse für uns und unseren Hund.
Wenn unser Hund sich eine Auszeit nimmt, schnüffelt, sich wälzt, ist unsere Kommunikation unterbrochen. Schade, ist unsere Aufgabe zu schwer?
Auch die Clickrate ist wichtig. Ist sie zu niedrig, gibt der Hund womöglich frustriert auf.
Nach zwei Fehlversuchen sollten wir die Größe unserer Lernschritte überdenken.
Vorsicht auch bei zu vielen Wiederholungen. Das verwirrt den Hund. Er beginnt, uns Alternativen anzubieten.
Bellen, Winseln oder andere Stresssymptome zeigen uns deutlich, dass wir einen Fehler machen.
Wir brechen die Übung sofort ab, wenn wir nicht augenblicklich eine Lösung finden, die Freudenweg-Leitziele einzuhalten, und machen etwas völlig anderes, um die Situation positiv zu gestalten. Das Übungsproblem durchdenken wir dann in Ruhe und probieren es beim nächsten Mal auf einem anderen Weg.
Hilfsmittel wie Targets helfen uns, klare Aufgaben zu stellen. Nutzen wir sie geschickt, vermeiden wir, dass der Hund sein Repertoire wild abspult, weil er die Aufgabe nicht erkennt. Es versteht sich von selbst, dass wir vorab den Schwierigkeitsgrad der Übung unserem Hund angepasst haben. Mit guter Positionierung des Targets, durchdachte Körperhaltung und unsere Position zum Hund beeinflussen wir den Lernerfolg enorm.
Wenn es auch noch so gut läuft, müssen wir die Trainingszeit im Auge behalten, damit der Hund nicht erschöpft ist. Achten wir darauf, dass unser Training flüssig bleibt. Gestalten wir es abwechslungsreich und hören wir, bei aller Freude am gemeinsamen Tun, genau dann auf, wenn wir eigentlich noch gern weiterarbeiten würden.

Spannungsaufbau – Triebaufbau

Durch Spielzeug oder eine Aktion können wir nicht nur bei den schnellen Hundesportarten sehr gut Spannung aufbauen. Gerade bei ruhigeren Sportarten, bei denen unser vierbeiniger Freund über einen längeren Zeitraum konzentriert arbeiten muss, ist eine freudige Erwartung von vornherein sehr hilfreich.

Der unermüdlich aktive Hund ist für sein Spielzeug ständig einsatzbereit. Aber auch beim ruhigen Hund kann man durch gute Beute- oder Jagdspiele mehr Spannung im Training aufbauen. Allerdings reagiert unser Hund dann schneller und extremer als zuvor. Damit müssen wir umgehen können und es bedacht dosiert einsetzen.

Wird durch das Spielzeug eine zu hohe Spannung aufgebaut, leidet die Kommunikation immens. Der Hund ist nicht mehr erreichbar. Hier ist unsere Sensibilität gefordert. Wir müssen die Kommunikation mit unserem Hund auch im Zustand hoher Erregung aufrechterhalten können. Oder anders ausgedrückt, wir können die Erregung unseres Hundes nur so weit steigern, dass er für uns und seine Aufgabe auch erreichbar bleibt.

Mehr denn je müssen wir unsere Wahrnehmung trainieren, damit der Hund nicht im Übereifer über die Agility-Hindernisse rast und den Parcours zu Kleinholz verarbeitet. Oder im Obedience bei der Fußarbeit nicht mehr „rund" läuft, weil er uns, und somit sein Spielzeug, nicht aus den Augen lässt. Oder seine Spannung so hoch ist, dass er statt im Platz zu liegen zwei Zentimeter über der Erde schwebt. Oder wir Angst um seine Gesundheit haben müssen, weil seine Sprünge beim Frisbee jedes vernünftige Maß verloren haben.

Auch bei der Arbeit mit unserem ruhigen Hund müssen wir kritisch beobachten, ob er bei all dem wunderbaren Tempo, das er nun an den Tag legt, noch sauber arbeitet und jederzeit für uns erreichbar ist. Wir müssen ein Gefühl dafür entwickeln, wie sehr wie ihn „hochfahren" dürfen und wann wir den Fuß vom Gas nehmen müssen, damit er uns nicht aus der Kurve fliegt. Die Reizlage, in die wir ihn mit Spielzeug oder Aktion versetzen, muss immer so dosiert sein, dass wir ihn ruhig und mit positiven Methoden erreichen können.

 Mirko baut mit dem sechs Monate alten Deutschen Schäferhund Mexx die Fußarbeit auf. Er startet jede Trainingseinheit mit einem wilden Zerrspiel. Anfangs ist Mexx „viel zu brav". Mirko möchte den Hund „triebiger". Er soll „auch mal frech sein", nach dem Spielzeug schnappen. Und vor allem soll er es nicht einfach so hergeben. Er soll ruhig mal „nachfassen". Daher achtet er weniger darauf, dass Mexx seine Aufgaben korrekt erfüllt, sondern er forciert vor allem das Tempo und die Ausgelassenheit des Spiels. Bald ist Mexx ein echter Kerl! Kaum zu halten, wenn er auf den Platz geführt wird. Er „will arbeiten", jault erregt und bedrängt beim Fußlaufen enorm. Nach ein paar kräftigen Leinenrucken wird er dann ruhiger, lauert aber ständig auf den Augenblick, in dem das Spielzeug kommen wird. Er arbeitet schnell, geht aber oft schräg und wird wieder korrigiert. Sein Belohnungsspielzeug gibt er erst nach mehreren strengen Signalen her. Mirko findet das normal, denn ein triebiger Hund braucht eben einfach eine starke, konsequente Hand!

Ist es nicht traurig, wie eine positiv gedachte Trainingsmethode aus Unverstand so negativ ausgeführt werden kann? Dabei müssen wir nur behutsam die Waage halten und darauf achten, dass unser Hund nicht überreagiert, sondern immer ansprechbar bleibt.

Wir möchten keinen Junkie, dessen Sucht wir nutzen, um unseren Sport zu treiben. Wir setzen eine Vielfalt von Motivationsmöglichkeiten ein, um die Freude unseres Hundes an unserem gemeinsamen Tun zu steigern.

Auch wenn das Bild eines Hundes unter Hochspannung noch so spektakulär sein mag – ein Hund, der für seinen Ball aus dem Fenster springt, ist nicht triebig. Er ist überreizt und unkontrollierbar!

 Laura trainiert mit ihrem Holländischen Herder Lux in Sicht-
weite zu einem Schutzdiensthelfer. Lux kennt den Helfer, er
darf in anderen Trainingseinheiten mit ihm „kämpfen".
Jetzt jedoch fordert Laura leichte Aufgaben. Der Reiz durch den Helfer
ist gering, da er weiter weg steht. Laura belohnt Lux anfangs mit Futter
oder einem Spiel mit ihr. Es ist ihr wichtig, dass Lux in ständigem
Kontakt zu ihr ist.
Sie achtet auf exakte Arbeit und darauf, dass Lux nicht in einen hohen
Erregungszustand gerät. Nach etlichen Trainingseinheiten steigert
sie den Schwierigkeitsgrad. Der Helfer steht jetzt in unmittelbarer
Nähe. Lux ist sehr auf Laura konzentriert. Er lässt sie nicht aus den
Augen, erfüllt fließend eine ganze Kette an Aufgaben. Erst als ihn
Laura mit einem Signal losschickt, wendet er sich ab und sprintet
zu dem Schutzdiensthelfer, der ihn sofort anbeißen lässt. Der Rüde
wusste während des gesamten Trainings, dass der Scheintäter in
unmittelbarer Nähe stand. Dennoch ist er zu jedem Zeitpunkt absolut
auf seine Halterin konzentriert und nimmt mit sichtlicher Freude am
gemeinsamen Training teil.

Überprüfen wir unser Training mit Triebaufbau:

Achten wir bei aller Motivation darauf, dass wir unseren Hund nicht einfach nur zu höchstem
Tempo antreiben. Sobald unser Hund uns bedrängt, um an seine Belohnung zu kommen, bellt
oder unsauber seine Aufgabe erfüllt, haben wir ihn zu sehr aufgedreht. Auch Übermotivation ist
Stress.

Die Trainingsdauer darf nicht allein davon abhängen, ob unser Hund noch mit dem Spielzeug
„hochgefahren" werden kann. Mancher müde oder überarbeitete Hund kann zwar wieder
motiviert werden, aber unser Training ist dann schon längst falsch verlaufen.

Ein Triebaufbau, der ein Fehlverhalten des Hundes provoziert, welches wir später korrigieren
müssen, ist keine positive Trainingsmethode. Wir brauchen keine „feste Hand", sondern einen
klaren Kopf.

Triebaufbau ist mehr, als dem Hund zum Trainingsauftakt ein kurzes Zerrspiel zu bieten. Ein gutes
Training mit Triebaufbau – bei jedem Hund – fordert ständige Selbstreflexion, eine dauernde
Schulung unserer Beobachtungsfähigkeit und ein ganz präzises Timing.

Jackpot-Training

Der Jackpot wird situativ gezielt eingesetzt, um einen großen Entwicklungsschritt oder eine besondere Leistung zu belohnen, eine besonders schnelle und fehlerfreie Agility-Kombination, eine exakte Obedience-Aufgabe, einen schwierigen Trick, endlich ausgetüftelt, oder die Konzentration auf uns unter ganz besonders anspruchsvoller Ablenkung. All diese Dinge verdienen eine besondere Belohnung. Unser Hund hat etwas Tolles vollbracht und das darf er auch merken. Für den einen Hund ist es ein tolles Spiel mit dem Frisbee, der andere freut sich über einen Napf mit Fleischstückchen.

Einfach so, als Überraschung mitten im Training, steigert er nicht nur die Motivation ungemein. Unerwartete Ereignisse werden besonders stark ins Gedächtnis übernommen. Nutzen wir die Wirkung dieses Glücksfalls. Ein Jackpot, der aus heiterem Himmel beim Training gegeben wird, verstärkt den langfristigen Lernerfolg enorm.

Wird der Jackpot jedoch eingesetzt, um dem Hund klar zu machen, dass er erst eine besondere Leistung erbringen muss, um den ihm zuvor präsentierten Jackpot zu bekommen, geht unser Training in die falsche Richtung. Wir möchten – auch mit dem Jackpot – unserem Hund Freude an der gemeinsamen Arbeit vermitteln! Wenn er aber erst mit uns arbeitet, nachdem wir ihm ein halbes Pfund Dosenfutter gezeigt haben, haben wir das Training falsch aufgebaut.
Statt die ultimative Superbelohnung zu bleiben, nutzt der Jackpot sich ab, wenn er falsch eingesetzt wird. Belohnen Sie also „normale" Fortschritte auch meist ganz normal. Den Jackpot gibt es in erster Linie für besondere Verdienste oder als Überraschung.

Peters Beagle-Rüde Manni ist am Hundeplatz immer wieder abgelenkt und schnüffelt intensiv den Rasen ab. Er ist dann kaum zu erreichen. Immer wenn Manni „abtaucht" in die Welt der Düfte, beginnt Peters große Jackpot-Show. Er tut wirklich alles, damit Manni wieder hochschaut. Seine Trainingskollegen lieben seinen Einfallsreichtum und amüsieren sich köstlich! Sobald Manni endlich reagiert, schreit Peter „Jackpot" und Manni rast an ihm vorbei zu seinem mit besonderen Leckereien gefüllten Napf. Mittlerweile hat Manni seine Jackpot-Übung perfektioniert. Wenn für ihn das Training langweilig ist, fängt er schnell an zu schnüffeln. Wie erwartet reagiert Peter sofort. Er bemüht sich um Mannis Aufmerksamkeit und der erarbeitet sich mit einem einzigen Blick seinen Jackpot. Schlauer Manni!

Diese reale Begebenheit ist auf den ersten Blick amüsant, aber sie zeigt deutlich die Unwissenheit, wie ein sinnvolles Jackpot-Training ablaufen sollte. So macht es keiner Sinn! Auch ein Jackpot im falschen Augenblick gegeben, ist es auch noch so gut gemeint, kann den Hund in emotionale Verwirrung stürzen.

> **Ein Beispiel aus dem Dogdance:**
> Die Vorführung wird abgebrochen, weil sich der Hund im Ring deutlich unwohl fühlt – eine nachvollziehbare Entscheidung.
> Das negative Erlebnis des Hundes soll nicht weiter vertieft werden. Aber wie soll der Hund unser Verhalten verstehen, wenn wir angesichts seiner Unsicherheit abbrechen, „Jackpot" rufen und dann mit ihm gemeinsam fluchtartig den Ring verlassen?

Überprüfen wir unser Training mit dem Jackpot:

Wir geben den Jackpot wirklich nur dann, wenn ihn der Hund sich durch besondere Leistung verdient hat, oder gezielt als Überraschung. Zur Not packen wir ihn auch unberührt wieder ein. Wenn wir den Jackpot am Turnier verwenden wollen, müssen wir den „Übergabeort" genau planen. Oft ist der Ringausgang kein geeigneter Ort, um beste Fleischbrocken anzubieten, und auch für ein munteres Frisbee-Spiel eignet sich der Platz wegen der Enge nicht. Entweder wählen wir für diese Situation einen anderen Jackpot oder wir finden einen Weg, sie entspannter zu gestalten. Oder unser Hund lernt, dass die Übung noch ein klein wenig weiter geht und er den Jackpot an einem passenden Ort erhält.

Ist unser Hund auf uns fokussiert oder ist er übermotiviert und kopflos? Dann ist der Jackpot vielleicht zu nah oder für diese Situation zu hochwertig. Oder ist unser Hund beim Anblick des Jackpots demotiviert und frustriert, weil er eine besonders schwierige Übung oder einen anstrengenden Turnierstart befürchtet? Das bleibt ihm und uns erspart, wenn wir beim Aufbau des Jackpots das Lernziel in erreichbarer Höhe gesteckt haben.

Achten wir bei aller Freude über gute Leistung darauf, dass der Hund im Training und Wettkampf nicht selbstständig die Kommunikation mit uns abbricht. Wir möchten einen Hund, der mit uns gemeinsam Freude und Erfolg hat. Wenn unser Hund nach der letzten Aufgabe selbstständig aus dem Turnier- oder Übungsring rast, um sich draußen auf sein Futter zu stürzen, ist das keineswegs ein Zeichen positiven Trainings. Sicherlich hat er sich nach einem guten Lauf eine besondere Belohnung verdient, aber doch nicht dafür, dass er fluchtartig unseren gemeinsamen Arbeitsplatz verlässt!

Viele Trainingsmethoden führen zum Freudenweg

Bevor wir uns für einen Weg entscheiden, schlüpfen wir kurz in die Rolle unseres Hundes. Im Gegensatz zu ihm können wir sogar verbal mitteilen, wie wir uns mit dieser Methode fühlen. Sind wir irritiert durch unklare Signale? Frustriert, weil wir erfolglos sind? Zu aufgeregt, um klar denken zu können, weil uns die angekündigte Belohnung den Verstand raubt? Oder sind wir in freudiger Erwartung gespannt, was auf uns zukommt? Erhalten wir klare Signale? Stehen wir ständig in Kontakt mit unserem Menschen, der uns jeden positiven Schritt sofort bestätigt?

Wir entscheiden situativ, was für uns, unseren Hund und unsere Aufgabe passt. Eine Trainingsmethode ist nicht als Doktrin anzusehen, kein System von Ansichten und Aussagen mit dem Anspruch, allgemeine Gültigkeit zu besitzen. Nicht nur, weil wir und unsere Hunde als Individuen völlig unterschiedlich reagieren, sondern auch, weil es durchaus erforderlich sein kann, bei einem Hund in verschiedene Aufgabenbereichen mit unterschiedlichen Methoden zu arbeiten.

Marianne begann mit ihrem Pudel Mohrle bei Carmen mit Dogdance-Training. Die beiden kamen aus dem Agility. Mohrle war bisher sehr erfolgreich mit Ballbestätigung geführt worden, reagierte aber beim Tricktraining nun sehr impulsiv auf den großen Reiz. Was ihn beim Agility beflügelt hatte, wurde beim Erlernen von Fußpositionen und Tricks zum Überreiz. Mohrle konnte sich nicht konzentrieren. Er zappelte und hampelte herum und vor lauter Konzentration auf den Ball konnte er kaum arbeiten. Carmen empfahl die Arbeit mit dem Clicker. In winzigen Schritten wurde Mohrles Verhalten bestätigt. Er wurde in kurzer Zeit ruhig und konzentriert. Sobald er eine Aufgabe erkannt hatte, bot er die richtige Lösung an und staunte regelrecht, dass es so einfach sein konnte, von Marianne Futter zu bekommen. Marianne war anfangs unglücklich, weil Mohrle nun keine „richtige" Belohnung mehr hatte. Sie versuchte, nach dem Click das Spielzeug anzubieten. Mohrle war empört! Im Dogdance wird bitteschön geclickt und dafür gibt es Futter. Nach wie vor war er mit Ball sehr motiviert im Agility unterwegs, aber beim Dogdance zählte für ihn einzig und allein der Clicker.

 Als besonderes Beispiel für gelungene Triebarbeit wird immer wieder das perfekte, blitzschnelle „Platz" angesprochen. Auf das Signal fällt der Hund wie vom Blitz getroffen zu Boden. Carmens fast 12-jähriger Cairn Terrier Gimli liegt in Sekundenbruchteilen ab. Er klappt richtig in sich zusammen und hat dabei eine enorme Körperspannung. Gimli spielt überhaupt nicht und ist ein ruhiger, ernsthafter Hund. Sein „Blitz-Platz" ist das Ergebnis einer Freeshaping Sitzung. Gimli brauchte ganze fünf Clicks, um die Aktion zu erlernen.

Gimli war der erste von Carmens Hunden, der in keiner Weise auf Triebaufbau-Training ansprach. Wie viel Zeit hätte sie vergeudet, wenn sie auf der bisher sehr erfolgreichen Methode bestanden hätte. Indem sie sich auf weitere Methoden einließ, die den Freudenweg-Leitzielen gerecht wurden, hat sie hingegen viel gelernt und mit Gimli eine wirklich glückliche Trainingszeit erlebt.

 Unser Training, egal mit welcher Methode, ist positiv, wenn die Freudenweg-Leitziele für Mensch und Hund immer durchgängig erreicht werden.

Wir beeinflussen die emotionale Situation unseres Hundes, beruhigen den aufgekratzten Ballfreak, muntern den zaghaften Hund auf, steigern beim ruhigen Hund die Spannung und bauen in unklaren Situationen Konflikte ab.
Sicher ist eine klare Signalgebung für eine gute Kommunikation wichtig, aber ein paar nette Worte zwischendrin, den Hund mit Namen ansprechen, die Stimmlage wechseln oder die Lautstärke variieren, all das schafft eine lockere Atmosphäre.

 Und vor allem: Loben wir ehrlich und von ganzem Herzen!

Stellen wir uns vor, wir haben eben Einradfahren gelernt oder vielleicht Seiltanzen oder wir haben eine Omi aus einem brennenden Haus gerettet. Man klopft uns leicht auf die Schulter und sagt: Gut gemacht. Naja! Wie viel besser ist es doch, wenn sich unser Gegenüber vor Freude kugelt, mit uns lacht und hüpft? Viele sehr erfolgreiche Hundesportler zeichnen sich dadurch aus, dass sie ihrem Hund ihre eigene Freude über seine Leistung vermitteln können.

 Beim Jubeln muss die Decke wackeln!
Dann wird die beste Trainingsmethode
gleich nochmal so gut!

Hundesportarten

Die breite Palette an Hundesportarten ermöglicht uns eine vielseitige Freizeitgestaltung mit unserem Hund. Wir können ihn nicht nur beschäftigen, sondern auch seine Entwicklung positiv beeinflussen. Wir fördern seine Kreativität, Geschicklichkeit und Bewegung. Wir trainieren seine körperlichen Fähigkeiten und seine Gehirnzellen. Wenn wir mögen, besuchen wir Turniere und Seminare, um unsere Leidenschaft mit andern zu teilen, uns zu messen und zu prüfen, wo wir nun stehen. Und natürlich wollen wir selbst dazu lernen. Jede neue Idee wird aufgegriffen, diskutiert und bei Gefallen ernsthaft weiterverfolgt.

Selbstverständlich berücksichtigen wir dabei die Veranlagungen unserer Hunde. Wir suchen nach Sportarten, die ihren natürlichen Bedürfnissen gerecht werden. Treibball ist ein hervorragender Ersatzsport für Hütehunde und das Jagen und Stöbern bei der Dummyarbeit lastet Jagdhunderassen aus. Bewachen, Schwimmen, Suchen, Rennen, Springen, Hüten, auch wenn viele Rassen ganz spezifische Eigenarten haben, sind unsere Hunde doch eigentlich echte Alleskönner. Nichts ist unmöglich!

Bei der Auswahl des geeigneten Hundesports sind uns die Freudenweg-Leitziele eine große Hilfe. Der richtige Sport ist der, den wir und unser Hund gemeinsam voller Freude trainieren. Wir freuen uns auf das Training. Wir sind entspannt und glücklich. Diese exklusive gemeinsame Zeit, in der wir mit unserem vierbeinigen Freund unserem Hobby nachgehen, ist eine Bereicherung für unseren Alltag.
Das kann eine Sportart sein, für die unser Hund geboren wurde. Wir meistern das Training mit Bravour und nehmen womöglich sogar an Wettkämpfen teil. Aber vielleicht finden wir auch Freude an einem ganz untypischen Sport, in dem wir mit unserem Hund neugierig ganz andere Wege beschreiten. Es könnte uns sogar ganz besonders Spaß machen unserem Hund Freude an einem für ihn schwierigen und auf den ersten Blick ungeeigneten Sport zu vermitteln. Probieren wir es doch einfach aus!
Wenn wir vermeiden, in Schubladen zu denken, und unseren Hund als Individuum mit eigenem Charakter und ganz besonderen Vorlieben sehen, finden wir sogar noch viel mehr als nur den einen Sport. Uns selbst dürfen wir dabei nicht vergessen, denn nicht jeder Mensch teilt die Leidenschaft oder Eignung seines Hundes für eine bestimmte Sportart.

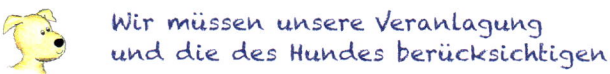

Wir müssen unsere Veranlagung und die des Hundes berücksichtigen.

Wir brauchen eine Sportart, die uns beiden Freude bereitet. Nur dann erreichen wir, dass unser Hund mit einem breiten Grinsen auf dem Gesicht ins Training geht und so auch wieder herauskommt und dass er stolz seine Aufgaben löst, und zwar in jedem Training. Einfach, weil es uns beiden Spaß macht und wir ein gutes Training gestalten.

Dies ist kein fachlicher Exkurs über Hundesportarten. Es gibt genügend sehr gute Fachliteratur darüber. Wir möchten Sie nur einmal aus einem anderen Blickwinkel betrachten. Was müssen wir tun, um in unserer Wunschsportart mit Freude und Erfolg zu trainieren, und zwar ungeachtet dessen, ob unser Hund nun eine Sportskanone ist oder auf den ersten Blick nicht für diesen Sport geeignet scheint. Wir wollen zeigen, was möglich ist.

 Carmens Yedi ist im Alltag ein absoluter Glücksgriff. Er ist ein echter Menschenfreund, kompetent im Umgang mit Artgenossen und sehr gehorsam in Alltagsfragen. Er ist immer sehr bestrebt zu gefallen, ein echter Will-to-please-Hund. Yedi ist immer aufmerksam, aber er lernt langsam. Er ist abwartend und auf den ersten Blick nicht sehr kreativ. Änderungen bringen ihn völlig aus der Fassung und er verzweifelt fast, wenn er nicht schnell versteht, um was es geht. Zudem schien er absolut talentfrei in Sachen Hundesport zu sein. Aber Carmen war es wichtig, besonders in seiner Ausbildung, ein breites Spektrum von verschiedenen Aufgaben und Eindrücken ins Training einzubauen. Unbeirrt von Yedis vermeintlicher „Talentfreiheit" probierte Carmen mit ihm verschiedene Hundesportarten aus.

Im Agility hatte Yedi keinerlei Hemmungen an den Hindernissen. Er flog in einem halsbrecherischen Sprungstil über die Hürden. Wippe und Laufsteg ging er voll Speed an und den Tunnel liebte er so sehr, dass er kaum zu halten war. Er wollte alles richtig machen und brach sich dabei fast den Hals. Carmen fehlte völlig der Überblick im Parcours und sie ging es Punkt für Punkt an. Sie optimierte ihre eigene Signalgebung und achtete darauf, dass sie die Kommunikation klar und verständlich gestaltete. Yedi genießt seine Agility-Stunden. Er strahlt im Parcours, flitzt durch den Tunnel, bewältigt mit wichtiger Miene Hürde um Hürde und bleibt ständig in Kontakt mit Carmen. Die beiden haben ein tolles Hobby gefunden und Yedi hat etwas völlig Neues gelernt und richtig Spaß dabei. Sein Selbstbewusstsein steigt von Stunde zu Stunde.

Treibball war das nächste Projekt. Bei der Basisausbildung kam Carmen zugute, dass Yedi aus dem Dogdance bereits Targets kannte und auf Distanz dort stehen, sitzen oder liegen konnte. Auch das Umrunden der Bälle fiel ihm leicht. Hier schlummerte ein kleines Naturtalent! Carmen fand die Unterstützung einer tollen Trainerin. Genau wie Carmen legte sie Wert auf klaren Aufbau und vor allem auf Freude im Training. Heute schubst Yedi mit Begeisterung die bunten Ersatzschafe über die Wiese. Er hat richtig Freude daran und für Carmen ist das Training eine spannende Abwechslung, ihn mal, ganz anders als im Heelwork-to-Music-Training, auf Distanz in großem Tempo arbeiten zu lassen.

Die Dummy-Arbeit fiel Yedi zu Beginn nicht sehr leicht. Beim Markieren und Einweisen half zwar das Target-Training, aber die Schwierigkeit begann beim Dummy-Halten. Yedi ließ keinen Irrtum aus. Er stupste den Dummy mit der Nase an, stellte sich mit den Vorderpfoten darauf, legte das Kinn auf ihm ab und da auch das noch nicht richtig war, stieg er mit den Hinterbeinen auf den Dummy. Hier war eindeutig seine Trickausbildung im Weg. Einfach nur in den Fang nehmen, das konnte nicht sein. Heute setzt er sein wichtiges „Arbeitsgesicht" auf, wenn er alle möglichen Dummys und Apportel hält, trägt und bringt. Er, den jede Neuerung aus der Fassung bringt, führt mit dem Dummy im Fang die wildesten Tricks aus und ist dabei sehr stolz auf sich!

Carmen war vom Erfolg für Yedis Entwicklung und von dem hohen Spaßfaktor bei ihren erfolgreichen Ausflügen in andere Sportarten begeistert. Sie findet es sehr wertvoll, ihren gemeinsamen Trainingsplan aus verschiedenen Bausteinen zusammensetzen zu können und sie wird auch in Zukunft noch viele weitere Sportarten mit ihren Hunden ausprobieren.

Erinnern wir uns nochmal, was unser Freudenweg-Leitziel Erfolg bedeutet. Wir definieren unser Leitziel Erfolg ausschließlich mit dem durchgängigen erfolgreichen Schaffen jeder einzelnen Aufgabe in der Trainingseinheit! Wir bemessen den Erfolg unserer Leistung an der Leichtigkeit, mit der wir das Training mit unserem Hund durchgeführt haben, und ob es uns gelungen ist, seine Übungen so aufzubauen, dass er sie durchgängig erfolgreich geschafft hat.
Wenn wir nun so an die Hundesportarten herangehen, finden wir viele Möglichkeiten, erfolgreich zu trainieren. Wir müssen uns nicht mehr nur mit den Sportarten begnügen, für die wir oder unser Hund besonders talentiert sind. Wir können nämlich alle Sportarten trainieren, die uns und unserem Hund Freude bereiten. Und das tun sie, sobald wir richtig trainieren!

Agility

Agility ist eine bewegungsintensive Sportart, die eine sehr durchdachte Führtechnik und eine durchgängige Kommunikation verlangt. Natürlich erfordert das mittlerweile enorm gesteigerte Tempo im Turnierniveau einen schnellen, wendigen Hund. Es wird auch vom Menschen sportliche Eignung erwartet, aber weder wir noch unser Hund müssen Spitzensportler sein, um Freude an der Arbeit mit Hürden, Tunnel und Slalom zu haben. Wir selbst definieren doch, was für uns Erfolg ist. Ob wir mit unserem quirligen Sheltie über den Agility-Parcours rasen und er ohne Probleme zum Tunnel abbiegt, unseren gelassenen Mastiff am Slalom motivieren und er in flüssigem Lauf die Hürden nimmt oder ob wir die Kommunikation zu unserem A3-Border Collie aufrechthalten, während der schon das nächste Hindernis im Auge hat. Wir wollen diese Aufgabe bewältigen.
Der Steg kann für unseren Hund eine Konzentrationsaufgabe sein, bei der er trotz hoher Geschwindigkeit die Kontaktzonen betritt, oder ein Hochseilakt, den er mutig absolviert.
Beim Gruppentraining mit den verschiedensten Hundetypen müssen wir kreativ sein und vielleicht für jedes Team eine andere Lösung finden. Es ist eine spannende Aufgabe und eine sportliche Herausforderung den passenden Weg für uns und unsere Hunde zu entwickeln.
Yedi würde vielleicht bei einem erfahrenen Agility-Sportler schneller laufen und besser reagieren, aber Carmen hat diese Fähigkeiten nicht, dennoch macht es ihnen großen Spaß.

 Wir selbst stecken unsere Ziele – nur für uns!

 Barbara hat lange Jahre begeistert mit ihren Hunden Agility trainiert. Irgendwann hat dann ihr in der Jugend bei einem Skiunfall verletztes Knie das hohe Tempo und die schnellen Wendungen nicht mehr gern mitgemacht. Es tat ständig weh. Was tun? Barbara wollte weiterhin gemeinsam mit ihren Hunden einen Sport betreiben, in dem sie sich langfristig weiterentwickeln können, aber sie wollte auch nicht ständig mit einem schmerzenden Knie durch die Gegend humpeln.
Heute sind Barbara und ihre Hunde glücklich im Dogdance. Aber auch ihr Agility haben sie nicht ganz aufgegeben. Immer wieder mal üben sie mit ihrer alten Trainingsgruppe, jetzt mit dem Fokus auf eine größere Distanz beim Führen. Sehr schnelle und enge Wendungen läuft Barbara nicht mehr. Sie nimmt dann eben einen anderen Weg. Ihren Hunden ist das egal. Sie lieben ihr Agility und können es kaum erwarten an der Reihe zu sein.

Hoopers-Agility

Beim Hoopers-Agility wird die Distanzarbeit großgeschrieben. Der Mensch leitet seinen Hund von einem separaten Feld aus über Körpersprache, Hör-und Sichtzeichen. Statt Hürden stehen hier Bögen oder Halbbögen, Tunnel und andere Geräte im Parcours. Auf den ersten Blick ist Hoopers einfach Agility ohne Springen und ohne Slalom. Hier kann auch der ältere Hund sportlich aktiv sein, ohne Schaden zu nehmen.

Aber es ist viel mehr! Führung auf Distanz ist das A und O, damit die Hoops fehlerfrei und schnell durchlaufen werden. Tore dienen als Trainings-Hilfsmittel oder Parcours-Element. Der Parcours ist besonders weitläufig. Das ermöglicht dem Hund, in schnellem Lauf Fässer zu umrunden und durch den Tunnel zu flitzen, der mit 80 cm Durchmesser auch für größere Hunde geeignet ist. Auch für Menschen mit Handicap ist Hoopers optimal, denn der Hund wird ja auf Distanz geführt. Man muss nicht schnell laufen, sondern steuert den Hund von der Führzone mit Zeichen und Wortsignal. Eine spannendende Tüftelarbeit, vor allem, wenn unser Hund bereits anders gearbeitet hat oder sich noch gar nicht in Distanzarbeit auskennt. Aber auch ein Hund, der anfangs noch unsicher ist, wenn er „allein" arbeiten soll, gewinnt hier schnell Sicherheit und zusehends Spaß an dem, was er erreicht. Schrittweise wird der Hund an die Übungen herangeführt, sodass er von Anfang an mit Freude dabei sein kann.

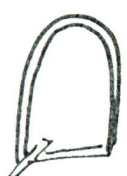

Probieren Sie es einfach aus! Ob Sie Ihren Hund vom 15 Meter entfernten Führbereich aus lenken können oder erst mal einfach in der Nähe bleiben, Sie werden ganz schnell begeistert sein. Die ständig wechselnde Hindernisanordnung ist eine große Herausforderung für uns alle, denn nur ein perfekt abgestimmtes Team schafft es, den Parcours zu meistern. Es bietet auch Ihnen vielseitigen Sport mit interessanten und spannenden Möglichkeiten der körperlichen und geistigen Auslastung. Hier werden Distanzarbeit, Bindung und Impulskontrolle zu wichtigen Bausteinen, deshalb erfreut sich Hoopers bei vielen Hundesportlern als Ausgleichssportart wachsender Beliebtheit.

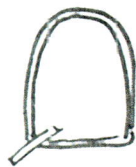

Treibball

Treibball wurde ursprünglich für Hütehunde entwickelt. Für alle, die ihren Hütehunden keine Schafherde bieten können oder wollen, sind die bunten Bälle eine willkommene Alternative. Der Hund darf hüten, treiben, umzingeln, belauern und muss dabei mit seinem Menschen zu 100 Prozent in Kontakt bleiben, sonst kommt keins der bunten runden „Schafe" ins Tor. Eine tolle Sache für die typischen Hütehunde, aber auch für jeden anderen Hund. Lassen wir uns nicht davon abhalten, nur weil unser Hund klein ist oder langsam oder zurückhaltend.

 Wer sieht, mit welchem eifrigen Ernst der schüchterne Koiker Alf die Bälle zu seinem Menschen Bernd rollt und wie stolz er am Ende ist, diese Aufgabe geschafft zu haben, der weiß, dass das ein Sport für jeden Hund sein kann, dessen Mensch die Fähigkeit hat, ihn zu begeistern.

Alf war zu Beginn des Trainings absolut unfähig, sich beim Anblick des Treibballs auch nur zu bewegen. Die große bunte Kugel löste blankes Entsetzen bei ihm aus. Bernd führte ihn in kleinsten Schritten an die große Aufgabe heran. Alf lernte alle Grundlagen des Treibballs in Blickweite des Balls und Bernd sorgte dafür, dass er dabei viele Erfolge erlebte. Danach durfte Alf anderen Hunden aus Entfernung beim Treiben zusehen. Erst war er sehr beunruhigt, weil sich seine Hundekumpel in Gefahr zu begeben schienen. Aber die Hunde und ihre Menschen hatten sichtbar Spaß!

Nach jeder „Demo" durfte Alf wieder seine eigenen Aufgaben erledigen, dabei rückte der Ball immer näher. Bernd hatte sich keinen Zeitrahmen gesetzt und trainierte Alf mit bewundernswerter Gelassenheit. Das Eis war gebrochen, als Alf in einem großen Bogen den ersten Ball umrundete. Er kehrte freudig zu Bernd zurück und war sichtlich stolz auf sich selbst. Bernd hatte alle Grundlagen an „freundlichen" Objekten trainiert. Kurz nach dem ersten gefahrlosen Kontakt beim Umrunden konnte er alle Aufgaben auch direkt mit dem Treibball abfragen. Alf treibt seine Kugelschafe heute mit großer Sorgfalt zusammen und ist dabei frei und sehr freudig am Werk.

Alf ist nicht der schnellste Hüter der Bälle und er hat sehr lange gebraucht, um seine Scheu zu überwinden, aber er und sein Mensch sind wohl die erfolgreichsten Treibballer, die wir kennen.

Es ist individuell verschieden, wie schwierig eine Aufgabe ist. Wir allein bestimmen, was Erfolg ist und wann wir erfolgreich sind! Während der eine daran tüftelt, wie er seinem Hund das Warten auf Distanz beibringt, hat der andere Probleme mit dem Umrunden der „Herde" und der Dritte arbeitet daran, dass sein Hund ihm auch beim Treiben noch zuhört. Alle diese Aufgaben können wir lösen.

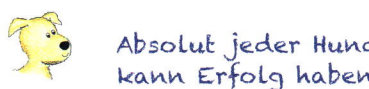

Absolut jeder Hund kann Erfolg haben!

Dummy-Arbeit

Dummy-Arbeit ist längst nicht nur für Menschen von jagdlich ambitionierten Hunden interessant. Immer mehr Hundesportler entdecken die vielseitigen Möglichkeiten einer kontrollierten Jagd auf Dummys aus Leder oder Hasenfell, die mehr ist als nur Apportieren.

Nicht nur Finden und Bringen sind gefragt. Wir sind sehr vielseitig gefordert. Bei der Freiverlorensuche auf der Wiese fällt es noch leicht, ständig mit dem Hund in Kontakt zu bleiben, während er die Dummys aufspürt. Wechseln wir aber ins Dickicht, auf steiniges Gelände oder ans Wasser, erhöhen wir den Schwierigkeitsgrad enorm. Wer einmal einen Working Test der Retriever erlebt hat, findet Ideen für ein ganzes Jahr. Die Abwechslung im Training ist garantiert. Das Einweisen ist eine knifflige Aufgabe. Unser Hund soll in einer geraden Linie voran, nach rechts oder links laufen, bis wir das Suchsignal geben. Beim Markieren soll er sich aus der Distanz merken, wo der „Vogel" vom Himmel fiel, bevor er losflitzt, um ihn zu bringen. Ganz individuell sind auch die Herausforderungen. Für den einen Hund ist es schwer, sich von uns zu lösen und loszuspurten, der andere kann kaum Ruhe bewahren und auf unser Signal warten, der Dritte lernt dranzubleiben, auch wenn er nicht sofort einen Dummy findet.

Ob in Vollendung für den Wettkampf oder abgespeckt als Hobby, es ist eine tolle und abwechslungsreiche Sportart, die wir mit nahezu jedem Hund betreiben können.

Nasenarbeit

Nasenarbeit bietet uns vielseitige Facetten. Ein großer Vorteil ist, dass wir meist ohne besondere Ausrüstung arbeiten können. Ist die Begeisterung für das Suchen erst einmal geweckt, sind unsere Hunde zu erstaunlichen Leistungen fähig.

Ob wir nun die klassische Fährte auf der Wiese selbst legen oder beim Mantrailen unsere Freunde als „Suchobjekt" über Gehwege, durch Parks oder im Wald verfolgen, wir brauchen nur eine Leine, Zeit und gute Laune und unser Hund einzig seine Nase und eine sorgsame Ausbildung durch uns. Ob wir nun einen offiziellen Wettkampf bestreiten oder um des gemeinsamen Erlebnisses willen trailen, es ist ein Hochgenuss, dem Hund zu folgen und ihn zu beobachten, wenn er an der Wegkreuzung den Geruchspool prüft, seinen Duft herausfiltert und zielstrebig weitereilt.

Als angenehmen Nebeneffekt können wir Nichthundesportler aus Familie und Freundeskreis einbinden, die sonst eher hinter unseren sportlichen Aktivitäten zurückstehen. Die Freude beim Finden und Gefunden-Werden ist dann auf beiden Seiten sehr groß. Die Arbeitsfreude wächst mit der Spannung und der Abwechslung im Training. Wer in diesen Sport hineingeschnuppert hat, findet viele Einsatzbereiche. Ob unser Hund bei der Zielobjektsuche an der Suchwand oder in freiem Gelände arbeitet oder ob wir ihn zu Hause nach Handy, Schlüsselbund und Brille fahnden lassen, der Erfolg wird uns immer vom glücklichen Hundegesicht bestätigt.

Wir können mit Schnüffelspielen den Alltag bereichern oder unseren Hund zum Sucheinsatz ausbilden. Nasenarbeit muss man einfach ausprobieren. Für unseren zappeligen Junghund ist die geistige Auslastung beim Schnüffeln eine ganz wichtige Übung. Er lernt, sich lange ruhig auf eine Tätigkeit zu konzentrieren und wird geistig ganz schön gefordert. Unsere alten Hunde finden hier ein wunderbares Arbeitsfeld.

> Carmens alter Hucky konnte nur noch kurze Strecken laufen, als er im Geruchsvergleich kleine Filmdöschen mit Gartenkräutern nach Duftnoten sortierte. Er war mit großem Eifer dabei und diese Aufgabe konnte er auch im Wohnzimmer bewältigen.

Für manchen ängstlichen Hund ist ein Suchspiel der erste Schritt zu mehr Selbstbewusstsein, wenn er lernt, sich auf seine eigene Wahrnehmung zu verlassen.

Nasenarbeit ist seit jeher Carmens ganz besonderes Steckenpferd. Sie erstellt spannende Trainingspläne und baut ihre Hunde sorgsam auf. Ihre Leidenschaft übertrug sich auf ihre Hunde. Die Schäferhunde Hank und Hucky und die Riesenschnauzer-Hündin Candy waren begeisterte Fährtenhunde. Durch den Umzug in eine andere Gegend wurde es schwer, ein geeignetes Trainingsgelände zu finden. Zudem hat Carmen bisher noch keinen passenden Hundeverein zur Arbeit mit den Cairns gefunden. Was zuerst ein Manko schien, entwickelte sich zum Vorteil. Gimli und Yedi folgen zwar nur selten der Spur des Fährtenlegers über weite Äcker, aber Carmen trainiert ihre Nasen mit Suchspielen. Die Möglichkeiten der Trainingsgestaltung sind so um ein Vielfaches zahlreicher geworden.

Vielseitigkeit

Die Vielseitigkeitsprüfung für Gebrauchshunde beinhaltet gleich drei Trainingsgebiete. Fährtenarbeit und Gehorsamsprüfung scheinen uns auf den ersten Blick nicht allzu schwierig, aber wenn wir genauer hinsehen, sind die Aufgaben gar nicht so einfach. Zwar sind das Fährtenschema und auch die Aufgabenfolge der Gehorsamsprüfung vorgegeben und bergen somit keine Überraschungen, aber genau hier sind wir gefordert. Je schematischer die Aufgabe vorgegeben ist, umso abwechslungsreicher und spannender gestalten wir unser Training, um die Freude unseres Hundes an seiner Aufgabe zu erhalten. Wir bauen Übungen aus anderen Sparten ein und überraschen unseren Hund mit tollen Ideen.

Die dritte Disziplin ist mit einem Mythos behaftet. Im Schutzdienst braucht es doch „ganze Kerle". Das ist eine Aufgabe für große Hunde mit Kraft, Mut und viel Trieb. Wenn wir einen Podestplatz auf der Bundessiegerprüfung anstreben, stimmt das sicherlich. Doch wenn wir mal genauer hinschauen, finden wir in diesem Sport viele Hunde, die dafür gar nicht geeignet scheinen. Aber wenn unser Border Terrier mit festem Griff am Ärmel des Scheintäters hängt und unser sanfter Flat Coated Retriever lernt, den Schurken zu verbellen und an der Fluch zu hindern, dann sind wir doch genau richtig in diesem Sport. Die Anforderungen für Gebrauchshunde sind vielseitig. Die Pluspunkte unserer Hunde wiegen ihre Schwächen auf. Auf der Streife nach dem Scheintäter ist der kleinere Border Terrier vielleicht schneller als ein großer Schäferhund und die ruhige Art kommt dem Flat Coated Retriever beim Ablassen und Bewachen zugute.

Für uns kann es eine spannende Herausforderung sein, den Hund in einer hohen Trieblage zu führen oder ihn in einer schwierigen Situation abzusichern und zu unterstützen. Beides ist ein tolles Aufgabenfeld. Lassen wir uns also nicht davon abhalten, es genauer auszuloten.

Flyball

Flyball ist der Publikumsmagnet auf vielen Hundeausstellungen, ein Mannschaftssport für alle Hunderassen.

Die Teams sind bunt gemischt. Größe und Tempo spielen keine Rolle, da immer gleichstarke Mannschaften gegeneinander antreten. Auf den ersten Blick sieht das ganz einfach aus. Zwei Teams schicken ihre Hunde über eine gerade Hürdenreihe, an deren Ende eine Flyball-Box steht. Der Hund löst den Wurfmechanismus aus, fängt den Ball und flitzt nun damit über die Hürden zurück. Dort startet bereits der nächste Hund. Sieger ist die Mannschaft, deren Hunde den Lauf als erstes fehlerfrei beendet haben.

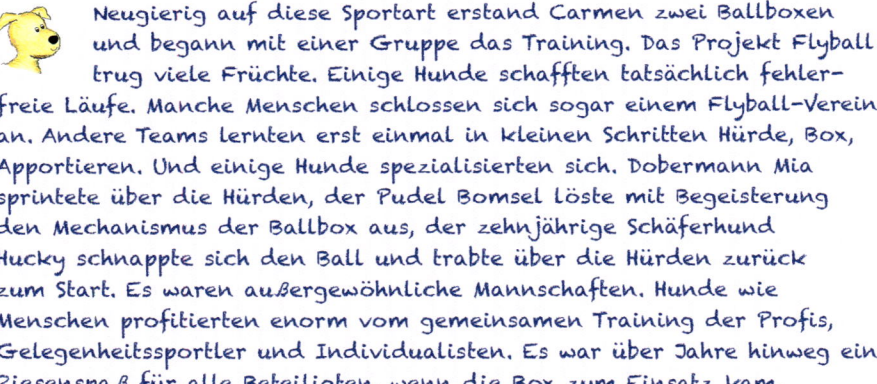

Neugierig auf diese Sportart erstand Carmen zwei Ballboxen und begann mit einer Gruppe das Training. Das Projekt Flyball trug viele Früchte. Einige Hunde schafften tatsächlich fehlerfreie Läufe. Manche Menschen schlossen sich sogar einem Flyball-Verein an. Andere Teams lernten erst einmal in kleinen Schritten Hürde, Box, Apportieren. Und einige Hunde spezialisierten sich. Dobermann Mia sprintete über die Hürden, der Pudel Bomsel löste mit Begeisterung den Mechanismus der Ballbox aus, der zehnjährige Schäferhund Hucky schnappte sich den Ball und trabte über die Hürden zurück zum Start. Es waren außergewöhnliche Mannschaften. Hunde wie Menschen profitierten enorm vom gemeinsamen Training der Profis, Gelegenheitssportler und Individualisten. Es war über Jahre hinweg ein Riesenspaß für alle Beteiligten, wenn die Box zum Einsatz kam.

Dogdance

Wie auch in anderen Sportarten gibt es Dogdance sowohl als Funsport wie auch als anspruchsvollen Turniersport.

Das Reglement für Freestyle enthält keine Pflichtübungen. Wir können die individuellen Pluspunkte unseres Hundes zeigen. Auch Heelwork to Music lässt uns mit 18 möglichen Positionen viel Raum für Individuelles. Immer im Mittelpunkt steht zuerst die Harmonie des Teams. Wir präsentieren uns mit unseren Hund und betonen dabei unsere Einzigartigkeit.

Wie in keinem anderen Hundesport dürfen wir kreativ sein. Von der Ausarbeitung der einzelnen Tricks über ausgefallene Kombinationen, die Musikauswahl bis zur Choreografie. Dogdance ist individuell und abwechslungsreich und gerade deshalb ein Sport für jedermann. Hier gibt es kein „Geht nicht", denn wir sind frei in der Entscheidung, was wir zeigen wollen. Wir stimmen unsere Choreografie auf die ganz besonderen Eigenarten unseres Hundes ab und passen den Schwierigkeitsgrad seiner aktuellen Entwicklung an. Wir können ein Thema aufgreifen oder eine rein tänzerische Interpretation wählen. Wir können mit zwei Hunden als Trio oder mit unseren Trainingsfreunden als Quartett oder als Gruppe auftreten und dabei immer unsere beste Seite zeigen.

Unser Training gestalten wir genauso individuell. Beim Gassi, abends im Wohnzimmer, auf dem Hundeplatz oder in der Sporthalle fördern wir unsere Hunde geistig und körperlich – und auch uns selbst, ob wir schweben wie eine Elfe oder den lustigen Holzfäller geben. Viele Sportler aus anderen Hundesportsparten nutzen Dogdance als Ausgleichssport und zeigen in ihren Choreografien neue, spannende Elemente. An Online-Turnieren nehmen Wohnzimmertänzer genauso teil wie Showtänzer, sodass wir immer wieder neue Anregungen finden. Erfolgreich trainieren können wir mit jedem Hund.

Es gibt genug Platz für uns alle auf der Sonnenseite des Dogdance.

Frisbee

Ein Mensch, ein Hund und fliegende Scheiben – was als Spaßprogramm begonnen hat, ist heute ein akrobatischer Sport.

Wenn wir Frisbee richtig gut trainieren wollen, müssen wir uns ganz schön ins Zeug legen. Wir trainieren knifflige Wurftechniken, lassen die flotte Scheibe tanzen und unsere Hunde jagen mit Begeisterung hinter ihr her oder taxieren und fangen sie und sind zu atemberaubenden Höchstleistungen bereit. Wir können uns an Turnieren messen.

Im Freestyle basteln wir an Choreografien, die mit Tricks und Sprüngen gespickt sind. Oder wir sammeln Punkte im Mini oder Longdistance, jeder gute Wurf ein Fang, jeder Fang ein Punkt. Oder aber wir gehen einfach bewaffnet mit zwei Frisbees beim Spaziergang auf die Wiese. Wir trainieren Warten, Lauern, Jagen und Springen. Fragen schnelle Tricks ab und ruhiges Stehen.

Die magische Scheibe ist so vielseitig einsetzbar. Schauen wir unseren Hund an und erarbeiten mit ihm ein einzigartiges Frisbee-Programm. Die Freude wird auf beiden Seiten grenzenlos sein. Vergessen wir dabei niemals ein sorgfältiges Warm-up, bauen wir die Sprünge langsam auf und behalten wir bei aller Wurftechnik die Gesundheit unseres Hundes im Auge, haben wir lange Freude an diesem Sport.

 Barbaras Hunde sind große Frisbee-Fans, aber das war nicht immer so. Außer Agnes, die von Anfang an begeistert ihren Scheiben nachjagte und sie fing, kamen die anderen über den Roller nicht hinaus. Sie wollten einfach nicht eine fliegende Kunststoffscheibe fangen, also besann sich Barbara auf ihre schon lange zurückliegenden Handarbeitsstunden und hat gehäkelt. Jetzt besitzen ihre Monster einen Satz bunter, gehäkelter Frisbees. Nein, lachen Sie jetzt nicht! Wenn Sie sehen könnten, wie sogar Minimonster Pia mit größter Begeisterung den fliegenden Scheiben hinterherflitzt und sie aus der Luft fängt, Sie würden staunen!

Obedience

Obedience ist viel mehr als nur Gehorsamstraining. Obedience ist auch Präzision, Abwechslung, Motivation und Konzentration. Nicht umsonst zieht diese Sportart immer mehr in ihren Bann.

Für uns als Menschen ist es eine große Aufgabe, denn unser Hund soll nicht nur schnell und exakt arbeiten, sondern dabei auch Freude ausstrahlen und mit Körperspannung und selbstbewusstem Ausdruck arbeiten. Wir müssen Allrounder sein. Unsere Hunde brauchen geistige und körperliche Ausdauer, Motivations- und Ablenkungstraining. Mit Balance-Training fördern wir ihr Körpergefühl, damit sie ihre Aufgaben auch bewältigen können und dabei fit und gesund bleiben. Um Fußarbeit auf höchstem Niveau trainieren zu können, müssen wir erst einmal an uns selbst arbeiten, bevor wir mit dem Hund trainieren.

Obedience-Sportler sind Perfektionisten. Wenn uns das zu viel Aufwand ist, picken wir uns vielleicht die eine oder andere interessante Übung heraus und arbeiten mit unserem Hund an dieser Aufgabe. Vielleicht wechseln wir zu Rally-Obedience, einfach so zum Spaß. Oder wir gewinnen dabei so viel Freude an unserem Tun, dass wir mehr wollen. Und womöglich stehen wir eines Tages dann doch auf dem Hundeplatz als eines dieser Teams, die in vollendeter Harmonie und deutlich sichtbarer Freude ihr Können präsentieren.

Fazit

Die Liste der Sportarten lässt sich beliebig ausweiten. Für den einen ist die Begleithundprüfung der Einstieg ins Obedience, für den andern ist es eine Aufgabe, für die er lange trainiert, um sie dann mit viel Freude zu absolvieren.

Rally-Obedience und Rally-Dogdance bringen Abwechslung ins Alltagstraining und sind nicht nur für Dogdancer oder Obedience-Sportler interessant.

Longieren kann unseren Hund einfach körperlich auslasten, ihm helfen uns zuzuhören und auf uns zu achten oder es kann eine tolle Vorbereitung zur Distanzarbeit im Dogdance sein.

Ob wir Zughundesport bis zu den Meisterschaften trainieren oder wir uns am Wochenende mit unseren Hunden einfach auf der Piste mal so richtig auspowern wollen, hängt nicht nur von der Leistungsfähigkeit unseres Hundes ab, sondern auch von unseren Vorstellungen.

Ob wir Turnierhundesport aus Leidenschaft oder zum Ausgleich mit unserem Rettungshund machen oder weil es die einzige Sportart ist, die in unserer Umgebung angeboten wird, wir entscheiden, was wir daraus machen!

Wir möchten Sie alle ermutigen, offen auf neue Sportarten zuzugehen und sie einfach auszuprobieren. Warum sollen Sie warten, bis Sie den „richtigen" Hund für die gewünschte Sportart haben, wenn Sie doch schon heute mit ihrem Partner Hund eine abwechslungsreiche und glückliche gemeinsame Zeit haben können, mit der Sie ihn zudem bestmöglich fördern?

Ob es einfach ein schöner Zeitvertreib ist, ein guter Ausgleichssport zum intensiv betriebenen Hauptsport wird oder ob wir auf Turnieren starten – solange wir und unser Hund es mit Freude tun, ist es das Richtige für uns!

Bei einer Agility-WM erwähnte ein Zuschauer gegenüber einer Starterin, er mache selbst Agility nur zum Spaß. Die Sportlerin stutzte, lächelte dann und antwortete: „Ich auch."

Jeder Hund ist einzigartig!
Lassen wir uns auf das Abenteuer ein,
um zu entdecken, was in ihm steckt!

Turnierteilnahme

In diesem letzten Kapitel kommen wir zur wahren Königsdisziplin, der Turnierteilnahme!
Die Turnierteilnahme mit der durchgängigen Beachtung der Freudenweg-Leitziele ist eine echte
Herausforderung! Auch wenn Freude, Kommunikation und Erfolg für uns und unseren Hund im
gemeinsamen Training immer gegeben sind, wird es allein deshalb so schwierig, weil wir selbst
auf Turnieren völlig anders sind. Und genau das spiegelt unser Hund zurück.
Egal, wie fleißig wir Ablenkungstraining machen und wie fantasievoll wir bei der Auswahl der
Orte sind, eine Turniersituation lässt sich im Alltag einfach nicht nachstellen.
Doch gelingt es uns, trotz unserer Aufregung die Freudenweg-Leitziele mit unserem Hund auch
bei einem Turnier erfolgreich zu beachten, sind unseren Träumen keine Grenzen gesetzt.

Wir möchten Sie an dieser Stelle bitten, mit uns ein Experiment zu wagen. Legen Sie Ihre eigenen,
persönlichen Erfolgsziele für sich und Ihren Hund für eine Zeitlang beiseite. Und nehmen Sie die
Freudenweg-Leitziele als einziges Ziel für Ihren Turnierstart.

**Wir versprechen Ihnen: Sobald Sie auch auf Turnieren
auf der Spitze des Freudenweg-Turms stehen,
werden Sie all Ihre persönlichen Erfolgsziele erreicht haben!**

Turniervorbereitung

Unsere Turniere planen wir genauso bedacht und sorgfältig wie unser normales Training. Unser
Ziel bei der Planung ist:

**Dieser Tag soll für uns und unseren Hund absolut
wunderschön werden! Von Anfang bis Ende ein glücklicher,
rundum gelungener Tag!**

In **Schritt 1** sammeln wir alle Informationen, die wir im Vorfeld über das Turnier und unseren Start bekommen können.

- Wie sieht es dort aus?
- Ist das Turnier auf einem Hundeplatz? Wenn ja, sind dort noch weitere Wettkämpfe?
- Ist das Turnier im Stadion mit Tribünen und großer Zuschauerzahl?
- Wie ist die Lage des Turnierplatzes, am Bahndamm oder neben der Autobahn? Oder liegt es idyllisch am Waldrand, dann müssen wir vielleicht mit Wildspuren am Startplatz rechnen?
- Wo können wir parken und wie weit ist es von dort zum Turniergelände?
- Müssen wir mehrmals gehen, um unser Equipment zum Turnierplatz zu bringen, und wo bleibt unser Hund solange?
- Wo sind die Ruhezonen für die Hunde? Sind sie wettergeschützt und wie ist das Wetter überhaupt vorausgesagt? Wie weit ist es von dort zum Startplatz?
- Wo sind Möglichkeiten, mit unseren Hunden einen Spaziergang zu machen?
- Wo ist die Meldestelle und bis wann muss unsere Meldung erfolgt sein?
- Welche Unterlagen müssen wir mitbringen?
- Wo ist die Vorbereitungszone und wie weit ist es von dort zum Startplatz?
- Mit welcher Abtrennung ist der Startplatz abgetrennt und wie groß ist er?
- Wie ist der Bodenbelag in der Vorbereitungszone und auf dem Startplatz?
- Wie sieht es mit der allgemeinen Lautstärke auf dem Turniergelände aus? Es ist ein Unterschied, auf einem großen Messeturnier oder in schöner, ländlicher Umgebung bei einem Outdoor-Turnier zu starten.
- Ist es ein Turnier für Fachpublikum oder werden große Zuschauermengen erwartet?
- Wie ist die Verpflegung auf dem Turnier geplant?
- Wann wird unsere Startzeit sein? Selbst wenn es im Vorfeld noch keinen genauen Zeitplan gibt, können wir uns anhand eines Ablaufplans ungefähr orientieren.
- Gibt es schon eine genaue Starterliste?
- Wie groß ist die Klasse, in der wir starten? Wenn wir mit mehreren Hunden starten, wie sieht unser Zeitplan aus? Ist die Klasse groß genug, damit wir Luft zur Vorbereitung haben, oder müssen wir uns beeilen?
- Wann sind Pausen geplant?
- Wie lange dürfen wir in die Vorbereitungszone?
- Gibt es einen Belohnungsbereich am Ausgang oder müssen wir Wege einplanen, um mit unserem Hund nach dem Wettkampf zu spielen?

Alle von uns im Vorfeld gesammelten Informationen geben uns eine große Hilfestellung bei der Vorbereitung unseres wunderschönen Tages. Je mehr wir im Voraus wissen, umso weniger Energie müssen wir dafür aufwenden, uns auf eine unerwartete Situation einzustellen und sie für uns passend zu machen. Natürlich werden wir vor Ort an verschiedenen Stellen flexibel unsere Planung umstellen, aber es ist deutlich einfacher von einem Plan A auf Plan B umzuschwenken, als planlos und angespannt mit einer Situation zurechtzukommen und schnell irgendwie reagieren zu müssen.

Wir wollen besonders an diesem Tag unserem Hund
eine Stütze sein und ihm Selbstsicherheit vermitteln –
und das geht gut informiert einfach besser!

In **Schritt 2** markieren wir alles, wo eventuell Probleme, Unsicherheiten oder Stress entstehen könnten, und zwar für uns oder unseren Hund.

Ein langer Weg vom Parkplatz zum Turnierplatz, angesagte Temperatur für diesen Tag 28 °C und strahlender Sonnenschein. Um Hund und Equipment zu transportieren, müssen wir mindestens zweimal gehen. Im Auto warten kann unser Hund an diesem Tag nicht. Hier sollten wir im Vorfeld überlegen, eine Lösung für unser Problem zu finden und nicht erst bei der Ankunft am Parkplatz. Unsere Startzeit wird irgendwann am Vormittag sein. Genauer lässt sich das noch nicht eingrenzen. Normalerweise bekommt unser Hund um 7 Uhr morgens sein Frühstück. Da wir aber länger fahren müssen und er das nicht gut verträgt, wenn er gegessen hat, wird er nüchtern ankommen. Sollte er noch etwas Futter bekommen? Lieber nur die Hälfte? Oder erst nach dem Start?

Im Alltag verschläft unser Hund seinen Vormittag. Wie können wir ihn darauf einstellen, dass er nun am Vormittag frisch und fröhlich mit uns einen Wettkampf bestreitet? Auch diese Probleme können wir im Vorfeld schon eingrenzen und dann am Turniertag, wenn wir unsere genaue Startzeit wissen, ohne langes Überlegen entscheiden, was zu tun ist.

All das gibt uns Sicherheit und Freiraum,
uns auf unseren Hund zu konzentrieren,
um ihn fröhlich durch diesen Tag zu bringen,
der auch für ihn aufregend ist.

In **Schritt 3** betrachten wir nun unsere gesammelten Informationen und schreiben uns auf, was wir alles benötigen, um für uns und unseren Hund die bestmöglichen Voraussetzungen zu schaffen – alle Wohlfühlutensilien für einen tollen Tag.

Unser Hund fühlt sich unsicher, wenn er mit vielen fremden Hunden konfrontiert wird? Können wir ihm die Situation vielleicht mit seinem Lieblingsspielzeug oder einem besonderen Leckerli erleichtern? Wenn ja, bitte aufschreiben. Wenn nein, brauchen wir eine andere Idee. Wir lassen unseren Hund nicht in eine Situation stolpern, von der wir von vornherein wissen, dass sie ihn stresst. Wir schreiben sie in Schritt 4 unter Hund auf.

Aufgrund des angesagten Hochsommertages und unserer Hitzeempfindlichkeit könnten wir uns vielleicht ein paar eisgekühlte, feuchte Handtücher in einer Kühltasche mitnehmen.

Und für unseren Hund brauchen wir auch etwas, um ihn zu erfrischen.

Die Verpflegung auf einem Messeturnier ist uns zu teuer und außerdem schmeckt sie uns nicht. Also, was nehmen wir mit?

Der Lärmpegel war im letzten Jahr sehr hoch. Unser Hund hatte Probleme, zur Ruhe zu finden. Vielleicht bauen wir ihm in diesem Jahr in seiner Box ein richtiges Kuschelnest mit seinem Schlafkissen von zu Hause und hängen sie noch mit einer Decke zu? Ja? Dann schreiben wir es auf die Wohlfühlliste.

Auf dem letzten Turnier tat das Knie wieder weh. Ein kleiner Hocker, um das Bein hochzulegen, wäre wunderbar gewesen. Schreiben wir ihn gleich auf die Liste.

In **Schritt 4** denken wir darüber nach, welche Bedürfnisse unser Hund an einem Turniertag hat und wie wir ihm helfen können, damit es für ihn ein wirklich schöner Tag wird.

- Wie wirkt das Umfeld auf ihn?
- Braucht er Abstand zu anderen Hunden, um sich wohl zu fühlen?
- Wie viele Ruhepausen braucht er?
- Wie oft und wie lange wollen wir mit ihm spazieren gehen?
- Wann bekommt er sein Futter?
- Welche möglichen Problemfelder haben wir unter Schritt 2 für unseren Hund markiert und was tun wir dagegen?
- Haben wir alles, was unser Hund für einen wunderschönen Tag braucht, auf die Liste gesetzt?

In **Schritt 5** beschäftigen wir uns mit dem wichtigsten Partner dieses Tages, mit uns. Wie immer sind wir der Dreh- und Angelpunkt, von dem abhängt, wie alles klappen wird. Schade nur, dass wir an diesem wichtigen Tag so gar nicht wir selbst sind. Selbst die routiniertesten Turniergänger unter uns sind an einem Turniertag aufgeregt und nervös.

Auf einer Skala von 0 bis 10, wie hoch schätzen Sie Ihre Aufgeregtheit auf einem Turnier ein?

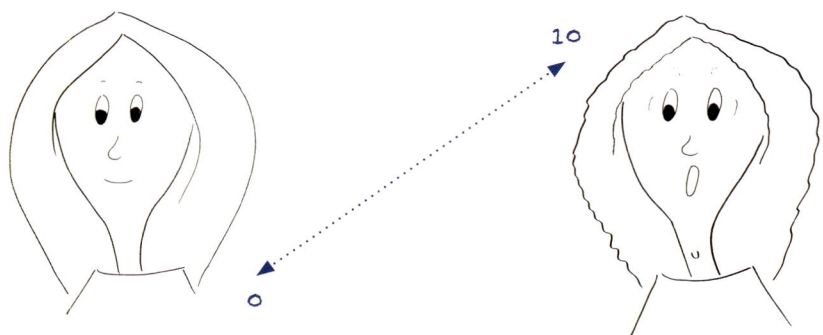

Ist es unser erster Turnierstart überhaupt, können wir hier nur Vermutungen anstellen. Siedeln wir uns dann der Einfachheit halber weit oben an. Es wird nicht falsch sein!
Uns ist klar, dass wir in diesem Fall einfach nicht wirklich wissen können, wie wir uns in einer Turniersituation fühlen werden und wie sich unser Fühlen in unserem Verhalten ausdrückt und somit auf unseren Hund Einfluss nehmen wird. Was wir aber bestimmt wissen: Es wird anders sein als gedacht! Und genau das können wir bei unserer persönlichen Zielsetzung einplanen und daran arbeiten. Unbeschwerte Zeitgenossen behaupten, Lampenfieber gehöre einfach dazu. Verwechseln wir aber nicht die freudige Erwartung, mit der „alte Hasen" den Turnierplatz betreten, mit rasendem Herzklopfen, Schweißausbrüchen und kopflosem Management. Das ist für unsern Hund keine Unterstützung!

Genauso wie wir mit unserem Hund Übungen zur Steigerung seiner Konzentrationsfähigkeit und Fokussierung unter Ablenkung durchführen, ist ein Training für uns selbst gleichermaßen wichtig!

Beschäftigen wir uns mit den verschiedenen Bereichen, aus denen unsere Entspannungsübungen kommen können, seien es besondere Atemtechniken, autogenes Training oder spezielle Yogaübungen. Diese Liste ließe sich weiter fortsetzen. Wir wählen aus, was am besten zu uns passt, und üben, erst zu Hause und dann, wie auch mit unserem Hund, unter immer schwierigeren Bedingungen, bis es klappt!
Eine unverzichtbare Unterstützung, uns auch in aufregenden Situationen auf unsere Aufgabe zu fokussieren, ist der Konzentrations-Tunnel.

Der Konzentrations-Tunnel

Sind wir im Tunnel, blenden wir alles um uns herum komplett aus. Es gibt nur uns, unseren Hund, die vor uns liegende Aufgabe und alle Schritte, die wir gehen, bis unser großer Moment gekommen ist. Alles, was unsere Konzentration stören könnte, prallt völlig an uns ab. Wir bemerken es nicht.
Den Tunnel üben wir genauso wie eine Entspannungsübung, aber es kann nötig sein, uns deutlich abzugrenzen! Wir lassen es nicht zu, in unserer Konzentration gestört zu werden!

Das ist nicht einfach, aber alles, was wir bewusst schaffen wollen, schaffen wir auch! Wir müssen es nur üben!

Barbara startet mit vier Hunden und zieht sich über einen langen Zeitraum in den Tunnel zurück. Sie achtet sehr darauf, weder positive noch negative Emotionen zuzulassen, egal, was passiert. Ist der Start mit Hund 1 sehr gelungen, feiert sie nicht, sondern konzentriert sich sofort weiter auf ihre nächste Aufgabe. Hat Daphne als Hund 2 wieder fröhlich die Umgebung betrachtet und die geplante Choreo in Schutt und Asche gelegt? Egal, Barbara erlaubt sich keine Analyse. Dafür ist später noch Zeit. Sie bleibt im Tunnel.

 Carmen muss ihre Tunnelzeit besonders sorgfältig planen, wenn sie auf einem Turnier startet, wo sie auch Organisator ist. Sie hat im Vorfeld mit ihrem zuverlässigen Team geklärt, dass sie zu dieser Zeit ausschließlich auf ihre Hunde achtet. Ab dem Betreten des Tunnels konzentriert sie sich nur noch auf den Wettbewerb. Erst wenn der vorüber ist, gibt es wieder das Drumherum.

Ein weiteres sehr gutes Hilfsmittel ist das Visualisieren. Auch das müssen wir üben, um es auch aufgeregt und unter Ablenkung zu können.

Visualisieren

Es gibt zwei Möglichkeiten, um zu visualisieren. Die erste ist aus der Vogelperspektive, also von oben, die zweite aus unserem Blickwinkel heraus, also so, wie wir es sehen würden. Wir visualisieren unsere Prüfung, unseren Lauf oder unsere Choreografie, von dem Moment unseres Wartens vor dem Eingang bis zu dem Zeitpunkt, an dem wir jubelnd mit unserem Hund die tolle Leistung feiern. Immer und immer wieder sehen wir uns gemeinsam unsere Aufgabe meistern, bedenken, an welchen Stellen wir unseren Hund besonders unterstützen müssen, erinnern uns an Abläufe und die richtige Körperhaltung und prägen uns dadurch alles fest und sicher ein.
Wir nehmen die Geräuschkulisse wahr, wir fühlen unsere körperliche Präsenz in der Arena, das befriedigende Gefühl und die Freude während unseres Starts. Bleiben wir ganz deutlich in der Vorstellung, es geschafft zu haben und glücklich zu sein! Agility-Sportler, die ihren Parcours erst kurz vor dem Start wissen und am Anfang ihrer Gruppe starten, habe hier keine so komfortable Zeitspanne zur Verfügung, aber auch sie können immer wieder visualisieren, an was sie in diesem Lauf nun endlich mal denken wollen. Es hilft sehr!

Beantworten wir also folgende Fragen bei Schritt 5:

→ Was können wir für unsere Entspannung tun, um unserem Hund trotz unserer aufgeregten Grundstimmung die gewohnte Sicherheit zu vermitteln?
→ Welche Situationen stressen uns und wie können wir sie für uns besser machen?
→ Haben wir alles, was wir für uns an einem wunderschönen Tag brauchen, auf die Liste gesetzt?

Jetzt, in **Schritt 6**, kontrollieren wir nur noch einmal unsere in Schritt 2 als mögliche Problemfelder markierten Situationen und überprüfen, ob wir noch etwas bedenken müssen. Nein? Dann sind wir mit unserem ersten Blatt fertig. Und es ging schneller als gedacht!

Freudenweg-Turniervorbereitung
Ziel: Ein glücklicher Tag für mich und meinen Hund!

Schritt 1: Alle Vorabinformationen einholen

Über das Turnier:
Wie sieht es dort aus?
Wo kann ich parken und wie weit ist es von dort zum Turniergelände?
Wo sind die Ruhezonen für die Hunde?
Sind sie wettergeschützt und wie ist das Wetter überhaupt vorausgesagt?
Wie weit ist es von dort zum Startplatz?
Wo sind Möglichkeiten, mit meinem Hund einen Spaziergang zu machen?
Wo ist die Meldestelle und bis wann muss die Meldung erfolgt sein?
Welche Unterlagen muss ich mitbringen?
Wo ist die Vorbereitungszone und wie weit ist es von dort zum Startplatz?
Mit welcher Abtrennung ist der Startplatz abgetrennt und wie groß ist er?
Welcher Bodenbelag ist in der Vorbereitungszone und auf dem Startplatz gegeben?
Wie sieht es mit der allgemeinen Lautstärke auf dem Turniergelände aus?
Wie ist die Verpflegung auf dem Turnier geplant?

Über unseren Start:
Wann wird unsere Startzeit sein?
Gibt es schon eine genaue Starterliste?
Wie groß ist die Klasse, in der wir starten?
Wann sind Pausen geplant?
Wann und wie lange dürfen wir in die Vorbereitungszone?
Wo ist der Belohnungsbereich?

Schritt 2: Alles markieren, wo eventuell Probleme oder Unsicherheiten entstehen könnten.

....

Schritt 3: Die Wohlfühlutensilien für mich und meinen Hund:
Alles für einen tollen Tag!

....

Schritt 4: Mein Hund
Weitere Wohlfühlutensilien?
Wie wirkt das Umfeld auf ihn?
Braucht er Abstand zu anderen Hunden,
um sich wohl zu fühlen?
Wie viele Ruhepausen braucht er?
Wie oft und wie lange möchte ich
mit ihm spazieren gehen?
Wann bekommt er sein Futter?
Welche möglichen Problemfelder habe
ich unter Schritt 2 für meinen Hund
markiert und was tun wir dagegen?
Habe ich alles, was mein Hund für
einen wunderschönen Tag braucht,
auf die Liste gesetzt?

Schritt 5: Ich
Weitere Wohlfühlutensilien?
Wie hoch ist meine Aufgeregtheit
auf einer Skala von 0 bis 10?
Was kann ich für meine Entspannung
tun, um meinem Hund trotz meiner
aufgeregten Grundstimmung die
gewohnte Sicherheit zu vermitteln?
Welche Situationen stressen mich
und wie kann ich sie für mich besser
machen?
Habe ich alles, was ich für einen
wunderschönen Tag brauche,
auf die Liste gesetzt?

....

Schritt 6: Die markierten möglichen Problemfelder aus Schritt 2 kontrollieren.
Gibt es noch etwas zu bedenken?

Ablaufplan

Nachdem wir unser Turniervorbereitungsblatt ausgefüllt haben, schreiben wir einen vorläufigen Ablaufplan. Auch hier ist unser Ziel bei der Planung:

 Ein wunderschöner, glücklicher Tag für uns und unseren Hund!

Durch unsere sorgfältige Turnierplanung wissen wir, in welchen Situationen für uns oder unseren Hund Probleme, Unruhe oder Stress entstehen könnten. Und wir haben uns auch schon überlegt, wie wir damit umgehen, um es zu vermeiden. Hier und jetzt bringen wir das alles in einen vorläufigen zeitlichen Rahmen. Anpassen werden wir es dann auf dem Turnier, wenn wir unsere genaue Startzeit wissen, aber den ungefähren Ablauf skizzieren wir jetzt schon.

Wichtig ist überall, wirklich genug Zeit einzuplanen. Wir möchten uns nicht an irgendeiner Stelle des Tages beeilen müssen. Es soll entspannt und gemütlich sein!

Wir legen die Abfahrt und Ankunftszeit fest, überlegen, wie lange wir brauchen, um den Ruheplatz für unseren Hund einzurichten, legen fest, ob wir erst melden möchten oder spazieren gehen, und schreiben uns die Zeitspannen dafür auf.

Wir planen den Zeitrahmen und die Anzahl der Ruhepausen, wann und wie oft wir spazieren gehen, wann und was wir füttern.

Wir legen fest, ab wann wir sinnvollerweise in den Konzentrations-Tunnel gehen.

Wir planen die Dauer und den Inhalt des Warm-ups und die Dauer aller Rituale und Abläufe, die wir mit unserem Hund vor einem Start machen.

Turnierstarttraining

Ein gut aufgebautes Turnierstarttraining gibt unserem Hund große Sicherheit, erwartungsvolle Freude und höchste Motivation. Die Zeit, die wir dafür im normalen Training aufwenden, zahlt sich auf einem Turnier vielfach aus.

Turnierstarttraining hat nur eine Regel: Es ist der allergrößte Spaß für unseren Hund! Es besteht aus drei Elementen:

- Warten vor dem Eingang
- Betreten des Wettkampfplatzes
- Einnehmen der Startposition

Um unserem Hund zu signalisieren, dass wir bei diesen drei Übungen keine Aufgabe abfragen, sondern eine Freude einleiten, kennzeichnen wir sie mit einem kurzen Satz und verwenden kein Wortkommando.

Wir bauen diese Übungen mit Spiel und Bestätigung so auf, dass es für unseren Hund die absoluten Lieblingsübungen sind. Er macht niemals einen Fehler! Hört er den einleitenden Satz, kennt seine Begeisterung keine Grenze. Diese Übungen werden ins normale Training eingebunden.

Die **Warteübung vor dem Eingang** soll unseren Hund in freudiger, erwartungsvoller Spannung halten. Gerade diese Wartezeit lässt sich oft nicht genau kalkulieren. Wir müssen bereit stehen, aber plötzlich entsteht eine ungeplante Verzögerung. Dehnen wir diese Übung langsam immer weiter aus, bis wir eine Zeitspanne erreicht haben, die uns Sicherheit gibt, auch bei einer längeren Wartezeit mit einem motivierten Hund den Startplatz betreten zu können.

Wenn wir an das „Warte" aus dem Kapitel Freudenweg-Leitziel Kommunikation denken, haben wir hier genau die Voraussetzung, unseren Hund begeistert auf seine Aufgabe einzustimmen. Wir verknüpfen das „Warte" im Training also nur mit einem kleinen Satz wie zum Beispiel „Wollen wir gleich Spaß haben?"

Die **Übung zum Betreten des Wettkampfplatzes** ist das nächste Glied der Kette. Setzen wir unserem Hund ein Highlight, um ihm in dieser besonderen Situation Freude und Sicherheit zu schenken.

Auch diese Übung verlangt unserem Hund keine Leistung ab. Wir bestätigen ein immer gleiches Schema mit einer Belohnung, die unseren Hund begeistert. Ein möglicher Einleitungssatz für diese Übung ist: „Super, jetzt geht's los."

Das **Einnehmen der Startposition** nutzen wir, um unseren Hund auf die bevorstehende Aufgabe einzustimmen. Unsere Frage „Bist du startklar?" oder was auch immer wir sagen möchten, ist für unseren Hund das Zeichen, sich zu konzentrieren. Er hat gelernt, wie es jetzt weitergeht. Er ist selbstbewusst und freudig auf seine bevorstehende Aufgabe fokussiert. Auch diese Übung bauen wir über einen längeren Zeitraum in kleinsten Schritten ohne Fehlversuche auf!

 Weitere sehr unterstützende Übungen lehren, Konzentration unter Ablenkung sowie die Spannung und Freude über einen längeren Zeitraum auch ohne Bestätigung stabil zu halten.

Barbara und Carmen trennen diese Übungen vom normalen Training. Sie sind für ihre Hunde ein großer Extraspaß. Es gibt unzählige Möglichkeiten, den Hund auch hier in allerkleinsten Schritten zu fördern, um ihm auf einem Turnier eine wichtige Hilfestellung geben zu können.

Startplanung

Jetzt planen wir unseren großen Moment, unseren Start. Wir wissen was auf uns zukommt, und wir haben uns gut vorbereitet. Jetzt überlegen wir, wie wir und unser Hund es schaffen können, die Freudenweg-Leitziele durchgängig zu beachten.

Kommunikation

Fangen wir bei der Kommunikation an. Hier gilt das Gleiche wie auch in unserem Training. Wir halten die Kommunikation zwischen uns und unserem Hund ab dem Moment, in dem wir ihn von seinem Ruheplatz abholen, stabil und durchgängig aufrecht! Spätestens ab diesem Moment gehen wir in den Tunnel, um durch keinerlei Ablenkungen von außen in unserer Kommunikation gestört zu werden.

Wir wissen, welche Situationen unseren Hund jetzt noch verunsichern können, und vermeiden sie unbedingt! Es ist keine gute Voraussetzung für einen selbstbewussten Start unseres Hundes, wenn er sich umgeben von vielen Menschen unwohl fühlt und wir ihn durch einen engen, vollen Gang vom Warm-up-Ring zum Startplatz führen. Wir haben uns eine Lösung für dieses Problem im Vorfeld überlegt.

Wie wichtig unsere Körperspannung als Signal für unseren Hund ist, haben wir im Kapitel Freudenweg-Leitziel Kommunikation besprochen. Gerade unter Aufregung bei einem Start geht diese Körperspannung leicht verloren, genauso, wenn wir einen Fehler machen. Bestimmt ist Ihnen das beim Besuch einer Sportveranstaltung auch schon aufgefallen. Der Sportler sinkt förmlich in sich zusammen. Jede Zuversicht, jedes Selbstbewusstsein scheint augenblicklich verschwunden. Selbst wenn es nur für einen kurzen Moment ist, können wir uns gerade das in dieser sensiblen Situation nicht erlauben. In einem Moment, in dem wir unseren Hund besonders unterstützen möchten, fehlt dieses für ihn so wichtige Signal. Sind wir uns dessen bewusst, werden wir nicht versäumen daran zu denken.

Achten wir also darauf auch in Momenten, in denen es nicht ganz so gut klappt, unsere Körperspannung stabil aufrechtzuhalten. Durch unsere positive Kommunikation, die sich auch in unserer Körperhaltung durchgängig ausdrückt, sind wir unserem Hund eine große Hilfe, optimistisch und selbstbewusst zu bleiben und Freude an seinem Tun zu empfinden.

Freude

Springen wir auch hier erst mal auf unsere Turmspitze und beschäftigen uns mit unserem obersten Leitziel, der Freude.

Mit unserer Turniervorbereitung haben wir die Grundlage geschaffen, gemeinsam mit unserem Hund einen glücklichen Tag zu verbringen. Stehen wir nun mit unserem gespannt und freudig wartenden Hund vor dem Eingang des Startplatzes, ist der Rest doch ein Kinderspiel! Wirklich!

Ab diesem Moment tun wir nur das, was wir auch in unserem normalen Training immer wieder geübt haben. Wir präsentieren einen begeistert und freudig arbeitenden Hund!
Wir wiederholen uns an dieser Stelle gern, weil es so wichtig ist:

Egal, was passiert, wir bleiben im Konzentrations-Tunnel und halten unsere Körperspannung aufrecht!

Erfolg

Und wo bleibt jetzt unser Erfolg?

Auch hier ist unser Anspruch der Gleiche, wie auch in unserem normalen Training. Erfolg bemisst sich an den Möglichkeiten, die wir und unser Hund zu diesem Zeitpunkt überhaupt mitbringen! Grundvoraussetzung für den Start unseres Teams ist somit, unsere eigene Zielvorgabe für unser Team realistisch einzuschätzen und nicht an Platzierungen festzumachen! Ist es sinnvoll, chancenlos an einem Turnier teilzunehmen, und können wir dabei glücklich und zufrieden sein? Hier gibt es nur eine Antwort: Ja! Es gibt verschiedene Gründe, die zum einen beim Hund, zum anderen bei uns liegen können, sodass wir von vornherein wissen, keinen guten Platz erzielen zu können.

Unser Hund ist sehr ängstlich oder leicht abgelenkt, aber wir glauben an dem Punkt zu sein, wo wir einen kleinen Teil der Aufgabe mit ihm bewältigen können. Warum sich also nicht über diesen Erfolg freuen, langsam versuchen das Ganze auszudehnen und in kleinen Schritten in der Turniersituation besser werden? Eine wirkliche Turniersituation lässt sich im Training ja einfach nicht darstellen. Wir brauchen sie aber, um uns und unseren Hund zu verbessern!

Minimonster Pia hatte in ihrem ersten Turnierjahr eine sehr kurze Choreografie ohne jegliche Schwierigkeiten. Es war klar, dass Barbara und Pia völlig chancenlos auf eine Platzierung waren. Das aber war zu diesem Zeitpunkt überhaupt nicht ihr Ziel. Barbara wollte Pia vermitteln, dass ein Turnierstart eine riesen Gaudi ist und supereinfach. Sie wurden immer Letzte und waren trotzdem sehr, sehr zufrieden mit ihrer Leistung. Pia hat nämlich während ihrer gesamten Übung gestrahlt und ihr kleiner, dicker Po wackelte vor Begeisterung! Im nächsten Jahr hat Pia eine doppelt so lange Choreo mit größter Freude getanzt und gewonnen. Aber auch hier war der erste Platz nur ein positiver Nebeneffekt, über den Barbara sich sehr gefreut hat. Für Pia selbst war er aber völlig gleichgültig. Das Ziel war zu sehen, ob sie es schaffen würde, diese für sie lange Zeit, freudig und sehr motiviert zu tanzen. Und das hat geklappt!

Wie schwierig es werden würde, mit Chaosqueen Daphne auf einem Turnier zu starten, war Barbara vom ersten Moment an klar. Immer in Bewegung und an allem interessiert – es gibt nichts, was Daphne nicht augenblicklich mit ihrem spitzen Näschen neugierig untersuchen möchte. Barbara wusste somit, dass ein langer Weg vor ihnen liegt. Aber warum sollten sie ihn nicht gehen? Sie musste doch nur ihre Erwartungen realistisch an die Gegebenheiten anpassen und mit kleinen Fortschritten zufrieden sein. Barbara liebt es, mit Daphne auf einem Turnier zu tanzen. Sie hofft immer nur, wieder einen kleinen Fortschritt durch ihr Training erzielen zu können, und ist sehr zufrieden mit den Minischritten in die richtige Richtung. Daphne macht das nämlich riesigen Spaß und sie strahlt über ihr ganzes Gesicht – und das ist doch das Wichtigste!

Carmen kann mit Yedi derzeit nur wenige Turniere im Jahr bestreiten. Daher ist es besonders wichtig, dass Yedi an diesen Tagen freudig und locker in der ungewohnten Atmosphäre arbeiten kann. Carmens Erfolgsziel für Yedi ist also momentan in erster Linie, dass er konzentriert und freudig durcharbeitet. Dieser Erfolg ist völlig unabhängig von Yedis Abschneiden innerhalb seiner Klasse. Die Platzierung auf einem Turnier ist etwas, was wir nicht beeinflussen können, denn sie ist nicht allein von unserer Leistung abhängig. Wir können den besten Start unseres Lebens haben und doch nur fünfter werden. Ja und? Freuen wir uns doch über unsere tolle Leistung!

Und wenn wir noch so gut vorbereitet sind, an unserem großen Tag kann al es ganz anders laufen.

Marianne und Mohrle kennen wir schon aus dem Kapitel Trainingsmethoden. Marianne war bestens auf ihr erstes Dogdance-Turnier vorbereitet. Startritual, Eintreten, Startsequenz, alles hatte sie hundertmal trainiert. Die Ringausnutzung war genau geplant. Marianne hatte die Choreo im Kopf und Mohrle war hochmotiviert. Marianne betrat den Ring, führte Mohrle wie geplant einmal ringsherum und nahm dann die Startposition ein. Der Hund war aufmerksam und ging toll mit. Aber Marianne vergaß in ihrer Aufregung alles über Ringausnutzung und Ausrichtung. Sie tanzte die ganze Choreo auf 2 x 3 Metern genau vor dem Ausgang und das in einem Ring von 12 x 16 Metern. Alle Tricks klappten wie am Schnürchen, jede Wendung punktgenau, nur eben alles etwas gedrängt und auch nicht ganz flüssig, weil Marianne immer mal der Ringabsperrung ausweichen musste. Dennoch war das erste Turnier ein voller Erfolg für die beiden. Mohrle hatte komplett durchgearbeitet. Er hatte sich nie ablenken lassen, war eifrig und mit viel Freude dabei. Bei der Schlusspose strahlten die zwei um die Wette und ihre Trainerin war so klug, sie einfach nur für ihren ersten Turniererfolg richtig zu loben. Die Sache mit der Ringausnutzung war ja eigentlich auch nebensächlich.

Die Turnierfalle

Wer von uns ist schon mal in die Turnierfalle getappt?

Ein Turnier bietet uns die Gelegenheit zum Austausch mit Sportfreunden. Wir können neue Inspirationen für unser Training finden und natürlich sehen wir, wie die Leistung unserer Hunde im Wettbewerb beurteilt wird. Aber genau in dieser Bewertung gibt es für uns Fallen – ob im Obedience, Agility, Dogdance, Flyball, Frisbee, Vielseitigkeitssport oder allen anderen.

Falle 1:

Unser Hund macht alles richtig. Es wird ein ganz toller Lauf, null Fehler, eine tolle Zeit! Aber nur Platz 9, weil in dieser Klasse noch acht besonders gute Teams waren. Das Hochgefühl, das uns unmittelbar nach dem Ziel vor Freude taumeln ließ, verpufft spätestens bei der Siegerehrung. Die andern Hunde waren besser, schneller! Wo bleibt die Freude über unsere persönliche Bestmarke? Und die glückliche Gewissheit genau auf dem richtigen Trainingsweg zu sein?

Falle 2:

Wir kommen mit einigen Pannen durch und erreichen im kleinen, mäßig guten Teilnehmerfeld einen Podestplatz. Yeah! Der Höhenflug ist unermesslich. Wir träumen vom Aufstieg oder wenigstens noch einem Sieg. Statt unsere eigene Leistung richtig einzuschätzen und unser Training darauf abzustimmen, haben wir plötzlich Erwartungen an Erfolge, die keinerlei realistische Grundlage haben. Zukünftige Enttäuschungen sind vorprogrammiert.

Wir wollen die Individualität unserer Hunde unterstreichen und ihre ganz besonderen Eigenarten fördern.
Unser Ziel sind freudige, aktive Hunde, die mit einem lachenden Gesicht im Training und im Turnierring arbeiten.
Wir wissen nicht, ob sie einmal Weltmeister werden, aber sie werden ganz bestimmt mit Freude ihr Bestes geben und genau dann sind uns keine Grenzen gesetzt!
Deshalb gehen wir den Freudenweg!

Können Sie sich nicht über realistische Erfolge freuen und auch mit kleinen Schritten zufrieden sein, machen Sie mit Ihrem Hund lieber etwas, was Ihnen beiden Freude schenkt. Sie tun ihm und auch sich selbst mit einem Turnierstart keinen Gefallen.

Genießen Sie aber, sich auf Turnieren mit Ihrem Hund zu präsentieren und sind zufrieden über kleine Schritte in die richtige Richtung, ohne sich an einer Platzierung zu orientieren, mögen Sie die Aufregung oder möchten Sie an ihr arbeiten, lieben Sie es, andere Teilnehmer zu treffen und sich mit ihnen auszutauschen, dann fahren Sie bitte. Es macht so wirklich großen Spaß und ist ein wundervolles Hobby!

Nach dem Start

Mit dem Start ist aber unsere Ablaufplanung noch nicht zu Ende. Wir überlegen, mit welcher Belohnung wir unserem Hund die größte Freude und Anerkennung für seine Leistung schenken können und wo wir belohnen möchten. Gerade die Belohnungszone müssen wir nach unserer Ankunft auf dem Turniergelände kritisch beurteilen. Mitten im Gewühl kann für unseren Hund nicht unbedingt Freude aufkommen, wenn er hier sensibel ist. Finden wir also eine Lösung für das Problem. Nachdem ja der ganze Tag für uns und unseren Hund ein glücklicher Tag werden soll, bedenken wir, wie es weitergeht. Machen wir nach unserem Start erst einen langen, ausgedehnten Spaziergang, ist es für unseren Hund schöner, ruhig an unserer Seite zu liegen, oder braucht er eine Ruhepause in seiner Box?

Kommen noch Situationen auf uns zu, die uns anstrengen können? Was ist mit der Siegerehrung? Fühlt sich unser Hund mit vielen fremden Hunden zusammen unwohl? Wie helfen wir ihm hier? So, und nachdem wir unseren Turniertag dann glücklich und zufrieden verlebt haben, bleibt uns nur noch eine kurze Aufgabe.

Die Nachbetrachtung

Wir beurteilen in der Nachbetrachtung, wo wir etwas bei unserem nächten Turnier verbessern können.

Wie gut habe ich eventuelle Probleme vorher eingeschätzt? Gerade wenn man ein Jahr später wieder auf den gleichen Turnierplatz fährt, hilft es sehr, sich die Aufzeichnungen vom Jahr davor noch mal durchzulesen. Es werden sich selten die örtlichen Gegebenheiten geändert haben.

Habe ich in unerwarteten Situationen flexibel und schnell reagiert und sie an meinen Hund angepasst?

Was hat gut funktioniert? Was mache ich beim nächsten Turnier anders?

Diese Notizen sind ungemein wichtig und helfen uns sehr, alte Fehler zu vermeiden und neue Wege zu suchen.

 Barbara führt diese Aufzeichnungen seit ihrem ersten Turnierstart. Sie hat sich einmal bei Agnes mit der Dauer der Vorbereitungszeit getäuscht. Agnes schien sehr beeindruckt von ihrem Umfeld und wirkte etwas matt. Barbara entschied sich, die Zeit, die sonst notwendig ist, Agnes auf einen konzentrierten Start vorzubereiten, zu halbieren. Direkt beim Betreten des Rings merkte sie, dass sie einen großen Fehler gemacht hatte. Agnes war bis unter die Haarspitzen motiviert und stand unter extremer Spannung. Deutlich zu viel! Agnes explodierte nahezu augenblicklich mit einer schweren Bellattacke. Noch mal passiert Barbara das wahrscheinlich nicht!

 Wir wollen unseren Freudenweg fröhlich entlangspazieren und uns dabei stetig verbessern!

Freudenweg-Turnierablaufplan
Ziel: Ein glücklicher Tag für mich und meinen Hund!

Vorläufige Planung:

Abfahrtszeit

Ankunftszeit

Ruheplatz einrichten, Dauer?

Melden

Spazieren gehen wann und wie oft?

Ruhepausen planen

Wann und was füttere ich?

Wann gehe ich in den Konzentrations-Tunnel?

Visualisieren

Zeitpunkt, Dauer und Inhalt Warm-up

Dauer und Inhalt unserer Turnierstartrituale

Unser Start: Körperspannung halten, komme was wolle im Tunnel bleiben

Belohnungszone prüfen

Wie belohne ich meinen Hund außergewöhnlich?

Der weitere Ablauf nach dem Start

Ruhe, spazieren gehen?

Siegerehrung

Die Nachbetrachtung:

Wie gut habe ich eventuelle Probleme vorher eingeschätzt?

Habe ich in unerwarteten Situationen flexibel und schnell reagiert und sie an meinen Hund angepasst?

Was hat gut funktioniert?

Was mache ich beim nächsten Turnier anders?

Zum Schluss

Lieber Hundefreund,
mit etwas Wehmut sind wir nun beim Schluss vom Freudenweg angelangt. Es war eine
wundervolle Arbeit!

Genau wie wir im Training jeden einzelnen Schritt in kleinste Teilschritte unterteilen, damit
sie für uns und unsere Hunde klar und logisch nachvollziehbar sind, haben wir auch unseren
Freudenweg in viele kleine Schritte unterteilt, um ihn wirklich verständlich zu erklären.
Nun ist es ein ganzes Buch geworden und doch ist es so einfach!

Es gibt nur drei Freudenweg-Leitziele: Freude, Kommunikation und Erfolg. Erhalten wir sie in
jedem einzelnen Training mit unserem Hund durchgängig aufrecht, ist alles gut!

Und jetzt bleibt uns nur noch Eines zu tun:
Wir wünschen Ihnen und Ihrem Hund eine wunderschöne, glückliche Zeit auf Ihrem Freudenweg.

Barbara Feldbauer und Carmen Schmid

Über die Autorinnen

Barbara Feldbauer

Barbara hat eine erwachsene Tochter und lebt mit ihrem Mann und s eben Hunden verschiedener Rassen auf einem alten Bauernhof im Chiemgau. Hier tummeln sich auch noch drei Pferde, der alte Esel Paul, Theo der Ziegenbock, Katzen, Gänse und Enten.

Als Barbara zwölf Jahre alt war, bekam sie endlich ihren heißersehnten ersten Hund. Max war ein lustiger Spitzmischling. Er und alle nachfolgenden Hunde waren in den langen Jahren, in denen sich Barbara in ihrer freien Zeit um ihre Pferde kümmerte, brave Familienhunde, begeisterte Begleiter auf langen Ausritten und eben einfach ihr bester Freund auf vier Pfoten.

Seit Barbara vor 16 Jahren mit ihrer Schäferhund-Collie Mischlingshündin Clara den Hundesport für sich entdeckt hat, geht sie unbeirrt den Freudenweg. Obwohl sie zu Beginn von der „richtigen" Ausbildung eines Hundes keine Ahnung hatte, kam für sie nur eine Ausbildung infrage, die ihr genauso wie Clara große Freude macht.

Erst im Agility, jetzt im Dogdance und begleitend noch in verschiederen anderen Hundesportarten ist Barbara ein akribischer Tüftler, um für jeden ihrer Hunde die Methode zu finden, die Aufgaben erfolgreich und vor allem mit größtem Spaß schaffen zu können.

Jeder von Barbaras Hunden strahlt vor Begeisterung, wenn sie gemeinsam den Turnierring betreten. Dieser Freudenweg bringt so viel Glück und Zufriedenheit in Barbaras Leben und ist doch so einfach zu gehen. Diesen Weg beschreibt sie hier gemeinsam mit ihrer Freundin Carmen.

Carmen Schmid

Carmen lebt mit ihrem Mann in einem kleinen Dorf in der Nähe von Stuttgart. Sascha, den Pudelmischling, bekam sie mit fünf. Er blieb nicht lange allein. Carmen entdeckte ständig einen Hund, Vögel oder Katzen in Not.

Als sie 1985 mit ihrer Riesenschnauzer-Hündin Candy einen Hundesportverein besuchte, war ihr Weg kein Freudenweg mehr. Die Ausbildung gefiel ihr nicht. Sie hinterfragte die Methoden kritisch und fand gemeinsam mit ihrem Mann eigene Wege. Die sportlichen Erfolge mit Candy und den Schäferhunden Hank und Hucky waren ihr zwar eine Bestätigung, aber um das Training weiter zu verbessern, suchte Carmen den Dialog mit anderen Hundetrainern, Tierpsychologen und Menschentrainern und besuchte unzählige Seminare.

Da sie Menschen so sehr liebt wie Hunde, ist es nur logisch, dass sie ihre Erfahrungen und Ideen weitergeben möchte. Seit 1997 arbeitet sie selbstständig mit Menschen und Hunden.

Dogdance ist ihre Leidenschaft. Sie organisierte die Europameisterschaften 2014 und hat mit dem Nations Cup in Stuttgart einen Teamwettbewerb ins Leben gerufen, der international große Resonanz findet. Sie selbst ist mit ihren Hunden international erfolgreich und vertrat Deutschland beim Freestyle der Crufts und bei Europameisterschaften.

Ihr größter Erfolg sind jedoch die Freude und der Feuereifer, mit dem ihre Hunde Yedi und der zwölfjährige Gimli jedes Training absolvieren. Deshalb möchte sie den Freudenweg noch vielen andern Menschen und Hunden zeigen.